这本书的小主人是

_____

我是明雪，最喜欢化学实验课，擅长利用化学知识来破案，欢迎来到化学的世界！

我是明安，还是个小学生，我擅长利用观察力和推理能力来破案，欢迎来到侦探的世界！

学化学来破案

④ 焰色反应

陈伟民 著 米糕贵 绘

中国民族文化出版社

北京

图书在版编目（CIP）数据

学化学来破案 . 4, 焰色反应 / 陈伟民著；米糕贵绘 . 一 北京：中国民族文化出版社有限公司，2020.4（2024.6 第 4 次印刷）

ISBN 978-7-5122-0818-6

Ⅰ . ①学… Ⅱ . ①陈… ②米… Ⅲ . ①化学－青少年读物 Ⅳ . ① O6-49

中国版本图书馆 CIP 数据核字 (2019) 第 280409 号

本书中文繁体字版本由幼狮文化事业股份有限公司在台湾出版，今授权中国民族文化出版社有限公司在中国大陆地区（台湾、香港及澳门除外）出版其中文简体字平装本版本。该出版权受法律保护，未经书面同意，任何机构与个人不得以任何形式进行复制、转载。

版权代理：锐拓传媒（copyright@rightol.com）

著作权合同登记号：图字 01-2020-0661

学化学来破案 4 焰色反应

Xue Huaxue Lai Po'an 4 Yansefanying

作　　者：陈伟民
插　　画：米糕贵
责任编辑：张晓萍
设　　计：姚　宇
排　　版：沈　存
责任校对：祁　明
出　　版：中国民族文化出版社
地　　址：北京市东城区和平里北街 14 号（100013）
发　　行：010-64211754 84250639
印　　刷：小森印刷（北京）有限公司
开　　本：145mm×210mm 1/32
印　　张：24
字　　数：400 千
版　　次：2024 年 6 月第 1 版第 4 次印刷
ＩＳＢＮ　978-7-5122-0818-6
定　　价：128.00 元（全 5 册）

推荐序

科学知识与人文情怀相融合的侦探好故事

　　收到中国民族文化出版社萍子编辑转过来的台湾化学教师陈伟民写的《学化学来破案》书稿，反复读来，我极欣赏，并欣然为序。

　　我是化学老师，于化学有感情。化学是科学的世界，化学是有趣的世界。当酸、碱遇到石蕊和酚酞试剂时生发不同的颜色，那是何等玄妙；电子云的世界里，是高速而有序，绝无堵车发生；坚硬而顽固的金属，遇到酸后便服

服帖帖而溶化；化学反应无霸王条款，无欺诈，顺理循序进行。

老师教好化学的核心是让科学知识与人文情怀相融，让学生的智慧撞击科学的奥秘，让学生的人生愿景，行走在科学曼妙情趣的路上，方生发无穷的力量、无穷的智慧，方持久而高远矣！

陈伟民老师的《学化学来破案》是用朴素而简洁的语言描述，使化学科学这一理智的逻辑，融入了人文情怀；学生明雪用化学知识帮助警察破案，是其人性的善良使然！

科学精神应该是一种本能。科学的探索是人类最高尚的冒险。书中的主人公是高中女生明雪，给人以冰清玉洁之感；还有其同学惠宁，惠而非宁而活泼。明雪

若是氧化剂，惠宁则是活泼的催化剂；明雪若是质子，惠宁则是电子。

陈伟民老师选择高一女生为主人公，是独具匠心的。好多女生畏惧化学，读了此书，也许会接近明雪或成为明雪，爱学化学，我希望！

明雪的化学世界不是作者刻意安排的，不是枯燥乏味的，而是自然而然的，是理性思考的，是她人生愿景的伟大使然。学生的学习兴趣，一定有理想支撑，否则兴趣会很快消失。

书中写在明雪逃脱出一氧化碳中毒后，警官张倩说：

推荐序

"明雪，这不是幸运。你平日阅读大量课外书籍，是知识救了你一命！"

其实，明雪最让我欣赏的是她的善良，她用化学来帮助警察破案，是其善良之行为使然。明雪曾许愿：希望阿婆和她浪子回头的儿子好好过日子。多么善良而朴素的人生愿望！

科学若无善良，这个世界早晚会被科学毁掉。

《学化学来破案》其显性主题是化学，是破案；还有一条隐性主题，就是善良。明雪是善良的，其父母是善良的，山上的阿婆是善良的。

《学化学来破案》每篇故事之后的"科学小百科",我很欣赏。在破案中用到的化学药品和化学知识,在科学小常识中做了详细的普及。

《学化学来破案》会是中小学生爱不释手的课外书,应是化学老师的案头参考书,一定是广大读者喜欢的儿童文学畅销书!

艾瑞德国际学校总督学　　包　祥

推荐序

目录

焰色反应

明雪和班上同学雅薇、惠宁一起去登山，一路上景色虽荒凉，但正因为人烟罕至，才能保有天然美景。中午时分三人在溪边野餐，饭后稍作休息，接着走过木桥，到对岸的山区游览，不料却突然下起大雨，她们急忙往回走，打算沿原路回家。可是一走到岸边，竟发现溪水暴涨，滚滚水面与桥面同高，三人因此感到迟疑，不知该不该冒险过桥。

惠宁率先发言："我们要回家就得过桥，而且动作要快，我看这桥不太稳。"

胆小的雅薇却不同意："这溪水已经暴涨了，桥被冲

焰色反应

得摇摇晃晃的，我觉得我们不应该冒险。"

两人争执不下之际，却听到一声巨响——木桥竟被溪水冲垮了！大家眼睁睁看着断成几截的木桥被溪水带走，不禁面面相觑，吓出一身冷汗，心想刚才要是冒险通过，现在恐怕也一起掉入溪里了！

"看来今天是回不了家了，怎么办？"雅薇害怕地说。

明雪拿出手机查看，幸好仍能收到信号，她立刻拨电话给当刑警的李雄叔叔，一方面向他通报断桥的事，希望有关单位能尽快抢修，另一方面则请他通知三人的家长，她们暂时无法回家。

李雄除了一口答应，也告诉她们该如何避难，并再三告诫她们要小心："现在雨那么大，山路容易崩塌，山区有间温泉旅社，你们可以先到那里躲雨。等雨停了，施工单位搭好便桥后，你们再下山比较安全。"

于是三人就依照李雄的指示，沿着山区小路寻找那家温泉旅社。穿过一条夹在大树间的乡间小道后，她们在滂沱大雨之中，看到一排木屋出现在一片空旷的草地上。中间那栋主屋门口竖着一块斑驳招牌，上面写着"金樱温泉旅社"，她们走进去一看，空空荡荡，也没开灯，惠宁就扯开嗓子大喊："有人在吗？"

柜台后面的房间走出一位六七十岁的老太太，看起来十分虚弱。惠宁上前说明来意："阿婆，不好意思，打扰你了。桥断了，我们暂时无法下山，能不能先在这里休息，万一木桥今天没修好，我们可能还要投宿。"

老太太点点头，气喘吁吁地说："没问题，我看你们淋得像落汤鸡，快去汤屋泡个温泉，换上干净浴袍，把湿衣服丢进洗衣机洗一洗再烘干，等要回去时便可换上。这家旅社虽然老旧，但能泡温泉，还提供餐饮和住宿，不过我年纪大了，又生病，所以你们要自己动手。"

看三个女孩脸上露出笑容，点头如捣蒜，老太太拿了三把钥匙给她们："今天反正也没别的客人，你们就一人一间，好好泡个温泉吧！"

明雪按照钥匙上的号码，找到自己分配到的小木屋，发现里面有一张床，还有装满水的浴池，由于是天然温

焰色反应

泉，水不断涌入，满了以后又溢出去，墙上则挂着浴袍。她坐进浴池里，热腾腾的温泉正好驱走雨中的寒意。她心满意足地泡了半小时后，擦干身体，换上浴袍，把湿衣服投入木屋前的洗衣机清洗。她走回主屋时，发现惠宁和雅薇已换上浴袍，坐在餐桌前。

老太太站在柜台内，对她们说："我为你们准备了小火锅和咖啡，自己来端吧！"

她们开心地吃着美味的火锅，咖啡还是现煮的！老太太将磨好的咖啡粉放进咖啡壶上层，然后点燃下方的酒精灯，待水沸腾冲到上层把咖啡粉溶解，再用灯罩把酒精灯熄灭；等溶解咖啡的沸水流回下层，就可以喝了。

一时之间，屋里弥漫着一股浓郁的咖啡香，明雪忍不住赞叹："刚才我们狼狈得简直像在逃难，怎能料想得到现在可以这么享受？"

老太太看她们吃得开心，也很高兴，搬了张椅子坐在一旁，和她们聊天。

原来这家温泉旅社也曾风光过，但近几年通往山区的道路经常因雨崩塌，所以游客就渐渐少了。旅社在生意兴隆时期雇了很多员工，后来生意变差，只好遣散员工，一切自己来。

"平日还有我儿子昆恩一起经营，但这几个月来几乎没有旅客，他劝我把店卖了，搬到市区去住。可是我不肯，因为我实在舍不得这经营了几十年的店……"老太太语带不舍与无奈。

雅薇心有同感地点点头，接着好奇地问："阿婆，怎么没看到你儿子呢？"

"他今天去市区帮我拿药，但是如果按你们所说，木桥断了的话，今天应该就没办法回来了。"老太太有些忧心忡忡。

明雪关心地问："阿婆，你一直说自己生病，究竟是什么病？而且本人没去，可以拿药吗？"

"哦，我有结肠癌，是到大医院检查才知道的。医生说要动手术，我很害怕，所以昆恩就帮我找到一位神医，他说有种新药可以治疗癌症。"老太太的语气充满希望。

焰色反应

闻言，明雪和惠宁、雅薇对看一眼，结果惠宁沉不住气，率先说道："阿婆，你被江湖郎中骗了吧！"

老太太挥挥手，说："不会的，听说那位医生用这种药治好了很多人的癌症呢！而且他人很好，怕病人来回奔波，说只要请家人去拿药就可以了。哪像大医院，我每次跑一趟，光是下山就要走半天，更别提还要等挂号和看诊……所以现在都是昆恩帮我拿药。"

"你连医生的样子也没见过？"雅薇不可置信地问。

老太太再次挥挥手，说："我见过一次，他的诊所在市区。不过听说他的药对所有癌症都有效，所以不用看病也可以拿药。"

三个小女生听了都露出不可思议的表情，最后是明雪先反应过来："阿婆，这么神奇的药可以先借我看一下吗？"

老太太从口袋里掏出一包药，拿了其中一颗给明雪。明雪仔细端详，原来那是一粒胶囊，可装药的塑料袋上没有任何标示，实在不知道里面是什么成分。

她继续问："吃了这药好些了吗？"

老太太想了一想，说："我吃这药已经两星期了，常常腹泻、疲惫，还会心悸，但我儿子问过医生，他说那是药效开始发挥作用。"

这时柜台的电话响起，她急忙起身去接，通完电话后对明雪她们解释说："是我儿子昆恩，他说桥断了，今天没办法回来，要暂时住在山下亲戚家，还交代我一定要吃药，唉，刚刚这样跑，我心脏就跳得很厉害，想先去休息了，记得，晚上六点提供晚餐哦。"

说完，老太太又掏出一粒胶囊，和着开水吞下，然后走进柜台后面的房间休息。

明雪打开手上的胶囊，发现里面是白色粉末，便把药粉倒进桌上玻璃杯剩余的开水里，再用筷子搅一搅。她接着将酒精灯的灯芯拉开，倒入加了药粉的开水，然后把灯芯放回去，摇晃着酒精灯，使酒精与药水均匀混合。

看到这个情景，惠宁和雅薇不解地问："你要做什

焰色反应

么呢？"

明雪只是笑了笑，说："我也不知道，好玩嘛，如果玩出结果再告诉你们。"

说完，她用打火机点燃酒精灯，结果出现淡紫色的火焰。明雪看了约一分钟，又用灯罩把火灭了。

"有什么结果吗？"惠宁耐不住性子问。

"还不知道呢。"明雪神秘一笑，接着走到门外，开始用手机打电话。

"哼，故作神秘。"雅薇和惠宁耸耸肩，然后继续喝咖啡聊天。

几分钟后，明雪走了进来，却去敲老太太的房门。惠宁不禁责怪她："阿婆不舒服，你干吗吵她？"

明雪回头解释："我已经知道她不舒服的原因了，非立刻告诉她不可。"

于是惠宁和雅薇也跑到门边，帮忙呼喊老太太，可房门依然没打开。雅薇把手指放在唇边，示意惠宁和雅薇安静下来，侧耳倾听，里面竟毫无声息！

"我们这么大声，里面竟然没有反应，肯定有状况……唉，不管了！"惠宁担心老太太的安危，不顾一切试着转动房门把手——幸好没有上锁！

　　三人冲进去一看，发现老太太倒在地上，已经陷入昏迷。雅薇急得差点哭出来，连说："怎么办？怎么办呢？"

　　"我去求救。"明雪沉稳地说，便跑到户外信号较强处，用手机向外求援。通话完毕后，她回到屋内通报："李雄叔叔说他会联络直升机前来救援，我们先把阿婆抬到空地去。"

焰色反应

惠宁急忙从床上抓了一条毯子，三人先合力把老太太抱到上面，接着抓住毯子的四个角，把她抬到木屋旁的空地上。幸好这时雨停了，她们就在那儿等候直升机。

不久，天空处传来哒哒声响，还吹起好大一阵风——直升机来了。

机上跳下两名医护人员，立刻检查老太太的情况："不妙，患者心律不齐，呼吸也不正常，得赶快飞回医院……你们也一起上来！"

🕱　　🕱　　🕱

飞机降落在军用机场时，已有一辆救护车在旁等候，老太太马上被送到医院，明雪她们也一起跟了进去。

待老太太被护士推走，三人这才发现自己还穿着浴袍，站在人来人往的医院显得十分突兀！

但惠宁没空管这些，她着急地问明雪："现在可以告诉我们是怎么回事了吧！"

明雪这才开口说明："我想从老板娘的描述中，大家都知道她被江湖郎中骗了，却不知道那药是什么成分；有些假药只是维生素，虽延误治疗时间，但不会马上有生命危险。我先把药粉溶于水中，再与酒精混合燃烧，就是利用我们在化学课学过的焰色试验法——不同金属离子在火焰中燃烧，会出现不同的颜色，像过年时放烟火，就是利用这个原理，当然也可依此检验药品的成分。但刚才实验时出现的淡紫色火焰，我从来没见过，所以才跑到屋外打电话给鉴识专家张倩阿姨，向她描述阿婆的症状和焰色试验的结果，令我吃惊的是，她说药品中可能含有大量氯化铯……"

"嗨！"说到一半，突然有人在背后打了声招呼，明雪吓了一跳，回头一看，原来是张倩。

张倩笑着接话："我先补充你的说明。淡紫色火焰应该是铯造成的，由于以前也曾出现过类似案例，有些江湖郎中号称氯化铯可以治疗所有癌症，结果剂量太高，引发病人心律不齐，差点丧命，所以我才判断老板娘的药应该就是氯化铯。李雄警官通知直升机救援的同时，也要我到

焰色反应

医院采样——刚才医生已为阿婆抽血，我利用医院仪器检验，发现她血中的铊浓度是正常人的一万倍以上，在急救过程中，她还一度停止呼吸，情况十分危急！幸好你们机警，才救了她一命。"

听到这里，惠宁松了一口气，一会儿又愤愤骂道："这些江湖郎中太可恶了！如果不赶快抓起来，不知要害死多少人！"

张倩拍拍她的肩，说："放心，李雄警官正在找老板娘的儿子昆恩，只要问出江湖郎中的地址，立刻就逮捕归案！"

"阿姨，我还有个疑问……医院那么多人，你怎么找到我们的？"雅薇好奇地问。

张倩呵呵笑了出来："哈哈，我倒不是有意要找你们，不过三位美女穿着浴袍站在医院里，实在太抢眼了，想不注意都难。"

说完，三名小女生发现果然有好多人盯着她们，还窃窃私语，真是尴尬！

张倩继续笑道："你们若以这模样去搭公交车，更会引起异样的眼光。快上我的车吧！我送你们回家。"

明雪她们三个人这才红着脸，连声道谢，乖乖跟在张倩身后离开医院。

焰色反应

科 学 小 百 科

　　如文中所述，某些金属离子在燃烧时会出现不同颜色，焰色反应就是利用火焰颜色来辨别未知样品中的物质成分。

　　实验时，先将金属盐溶于水，再混入酒精中（不需太浓），制成酒精溶液。接着装入喷雾瓶，朝火焰喷洒这些酒精溶液，便可观察到各种金属离子的焰色。

　　利用这个原理，古人很早就发明了烟火。夜空中散发光彩夺目的火树银花，其实是不同金属盐类在高热瞬间所绽放的光辉，例如镁、钡、钠等。

　　除了铯之外，下方表格是常见元素离子的焰色，括号内则为其离子化学式。

金属名称	焰色
锂（Li）	深红色
钠（Na）	黄色
钾（K）	紫色
镁（Mg）	强烈白光
钙（Ca）	砖红色
锶（Sr）	深红色
钡（Ba）	黄绿色

铭记在心

今天是星期天，由于爷爷和奶奶正好到台北来，明雪全家开心地聚餐，大家吃吃喝喝，又聊着小时候的事，嘻嘻哈哈，非常快乐。可是饭后爸爸却发现爷爷皱着眉头，手抚着胸口。

"胸口又痛了吗？"

爷爷痛苦地点点头，他最近常常胸口痛，尤其是刚吃饱饭后，情况更严重。这次来台北就是为了到大医院做详细检查。

爸爸扶着爷爷说："已经帮你预约挂号了，等星期一就到医院看心脏科门诊。我现在先扶你到房里休息。"

铭记在心

本来大家计划饭后要去参观博物馆，因爷爷身体不适，也只好取消。明雪对爸妈说："那我和弟弟两个人自己去好了！"

征得爸爸和妈妈的同意后，姐弟俩就一起出门了。他们快到博物馆时，遇到红灯，只好停下等候信号灯改变，突然有辆警车响着警笛从远处开来。他们俩正好奇发生了什么事时，警车恰好停在街角一栋木屋前，车上走下两名警察，明雪一看，是李雄叔叔和他的搭档林警官。

这时，木屋的门打开，走出一个身穿比萨店制服的戴帽子青年，李雄立刻把他拦下来问话：

"屋子里面有什么人？"

那名青年说："有人打电话叫了一份比萨，我是来送比萨的。但是喊了半天，屋里并没有人响应，可能是恶作剧吧！现在这种无聊的人真多。"

这时候木屋的门突然关上，李雄和林警官两人对看了一眼说："人果然还在里面。"于是两人都冲上前去敲门。

比萨店的员工则骑着停在路边的摩托车走了。

明雪和明安两人知道李雄正在办案，不敢前去打扰，可是他们对案件又非常好奇，两人商量了一下，决定不去博物馆了，站在路边静静观察事情的发展。

李雄高喊："我们是警察，快开门！"但屋内没有人回应，他们又用力敲了一阵子门，还是毫无动静。

林警官到屋后绕了一圈，回来说："木屋并无后门，疑犯应该跑不掉。"

李雄就交代林警官："我守在这里，你去找这个辖区的负责人和锁匠来。我们瓮中捉鳖，不怕他溜掉。"

林警官依吩咐离开后，明雪见局势比较和缓，就远远地和李雄打招呼。

"李叔叔，你们在抓坏人吗？"

李雄立刻挥手制止："对，你们不要太靠近！我们接到线报说这里住着一名钻石大盗，我们对他的样子和习惯都不了解，也不知道他有没有武器，所以你们别太靠近。"

这时林警官已经找来辖区负责人和锁匠。李雄询问负责人这间木屋的住户是什么人，负责人说："屋主在南部，

铭记在心

这木屋已经很久没有人住了，听说最近才租出去，我也没见过这名房客。"

于是李雄指示锁匠立刻开门，可是锁匠弄了半天还是打不开，他说这个锁太精密了，一时间没办法打开，他只好回店里拿电钻来把它钻开。

又过了二十分钟，锁匠终于破坏门锁，把门打开了。两名警官急忙冲进屋里，却惊讶地发现屋里空无一人。两人惊讶地喃喃自语："太奇怪了，屋子里的人怎么会凭空消失呢？莫非我们遇上了灵异事件？"

明雪和明安在门外目睹这一幕也百思不解，这时明雪的手机响起，原来是爸爸打来的。

"爷爷突然昏迷，我现在要送他到医院，你们两个快到医院会合。"

姐弟俩急忙向李雄告辞，赶到医院去。

他们抵达医院时，爷爷已经被送进心血管检查室，爸爸和奶奶焦急地坐在外面等候。

明安问："爷爷怎么了？"

"医生检查后发现爷爷可能是心肌梗死，现在正在做心导管检查……"

这时护士走出检查室，请家属进入听取说明，所有人都跟着走进去。

医生在一部电脑屏幕前等候他们，他说："经我们打入显影剂进行心导管检查后，发现病人的两条冠状动脉堵塞，你们可以由这张图片看到。"医生边说边请他们观看电脑屏幕上的画面，医生指着其中一个点说："你们看，这里看不到显影剂，就表示血管堵住了。"

明雪和明安根本看不懂，只看到画面上几根树枝状的黑色管子可能就是血管吧，好像断掉的树枝。

爸爸的表情沉了下来："那现在该怎么办？"

医生说："可以放入支架把堵住的血管撑开来。"

医生正要向爸爸说明手术的性质与风险，爸爸说："不必了，我了解些情况，请争取时间，赶快动手术吧！"

于是医生点点头，准备进行手术。一家人退出手术室后，明安问："爷爷要进行什么手术呢？危险不危险？"

铭记在心

爸爸先在护士送过来的手术同意书上签名后，再详细地为明安解释："医生会由爷爷的大腿股动脉处切开一个洞，从这里送入一段金属支架到冠状动脉，把爷爷的血管撑开，使血液流通。至于手术一定会有风险，不过现代医学发达，这种手术的成功率很高，不用太担心。"

明雪和明安听了不禁咋舌，明雪疑惑地说："好神奇啊，如果金属支架可以撑开血管，那直径一定比现在的血管大，从股动脉送到心脏附近时不会卡住吗？"

爸爸立刻解释："这种支架在未张开前直径很小，送到冠状动脉时才会扩张开来，把血管撑开。使支架扩张的方式有很多种，其中有一种是利用记忆合金。"

明安更不懂了："记忆合金？这种合金有记忆性？那能帮我记住化学元素表吗？"

爸爸被明安逗得笑了出来，原本深锁的眉头总算舒展开来："它完整的名称叫形状记忆合金，成分有好多种，常见的一种是镍钛合金。这种合金会'记住'原本的形状，即使你把它扭曲成另一种形状，只要受热它就会恢复成原来的形状。它只能记住形状，不能帮你记忆化学元素表。"

明雪想确认自己有没有听懂爸爸的意思，询问道："用记忆合金制成的支架虽然被压缩成直径较小的形状，但在进入人体之后，温度变高，因此会张开而恢复原来的直径，因此把血管撑开了，是吗？"

爸爸点点头："对，就是这个原理。"

手术进行了将近两小时，爷爷终于被推了出来，医生也宣布手术非常成功，并请他们进去看手术后的照片，原来断掉的树枝好像又长出新的细枝，医生说那代表血液再度流通了，医生还指给他们看新装的支架在哪里，一家人总算放下心来。手术后，爷爷又在病房里住了几天才回家。

明雪确定爷爷没事后，又再度思索星期天亲眼看见的疑犯消失奇案。星期一放学后，她顺道去警察局找李雄叔

铭记在心

叔，她想知道小木屋的案子进行得怎么样了。

李雄关心地问了爷爷的病情后，向她解释道："如你所见，屋里空无一人，可能网民提供的线索有错吧！"

明雪不能接受这样的答案："可是门明明当着我们的面关上的啊！"

李雄说："我和林警官讨论以后，猜测可能是风吹的，如果屋内有人，怎么可能凭空消失？何况比萨店的送货员也说没人回应。"

明雪问："你们事后有再去找这个比萨店的送货员问话吗？"

李雄尴尬地说："没有呀，反正屋里又没找到疑犯，难道你怀疑……"

明雪摇摇头说："我也不知道这到底是怎么回事，不过我可以回到小木屋察看一下现场吗？当天我还没进屋就被我爸叫到医院去了。"

李雄点点头说："好啊！反正那里并没有被列为犯罪现场，只交代管区警员在巡逻时多注意那间房子，如果发现有人进入，立刻通知我。不过现在我陪你去比较安全。"说完他就带着明雪搭上警车，前往现场。

明雪知道察看现场的机会如果没有通知弟弟，他知道后一定会大发雷霆，便打手机通知明安到小木屋来会合。李雄也利用警车上的无线电与管区警员确认过，这两天都没有人进出过小木屋。

警车再度停在小木屋前，李雄走在前面，小心翼翼地推开木门，确认屋里没人后，招手要明雪进入。明雪并不察看屋里的物品，而是直接走到门后，观察了一阵子之后，微笑着点点头，又拿起手机拨了电话给弟弟："明安，你快到了吗？"

明安回答："再转个弯就到了。"

明雪说："你先到路口那家便利商店买一枚电池带过来。"

明安虽然不知道姐姐要电池干什么，但他还是照办，三分钟后明安就带着电池来到了小木屋。

李雄到目前仍然搞不懂明雪在玩什么把戏，不禁好奇

铭记在心

地问："你要电池做什么？"

明雪笑着说："你马上就知道了。"

她从门后取出一枚旧电池，换上明安带来的新电池后，说："我们全都后退，看看会有什么事发生。"

李雄和明安随着明雪后退，三人距离木门有两米远，几秒后却见门自动关上。

李雄和明安都十分惊讶，齐声问道："为什么门会自动关上呢？"

明雪带着他们走到门后，说："你们摸摸这根金属线。"

明安上前仔细一看，门后有个电池盒，里面装着明安刚买来的电池，有一条银白色的金属线，一端接着电池的正极，另一端接着电池的负极，金属线的中端勾住 V 形金属片的末端。明安用手去接触金属线，感觉有点烫，急忙把手收回来。

李雄也摸了，惊讶地问："为什么会这么烫？"

"因为现在是短路啊！"明雪一边回答，一边把电池拆了下来，"把电源切断，金属很快就会冷却下来。"

接着她把木门打开，把金属片用力扳成 L 形，并让金属片末端与木门轻轻接触，然后再次把电池装回电池盒中，几秒后门又自动关上，明安拍手惊呼："姐，这真是太神奇了，快告诉我原理。"

明雪笑着说："这块金属片就是形状记忆合金呀，它本来的形状是 V 形的，当我们用力把它扳成 L 形时，改变了它的形状。一旦金属线因短路而变热，热会传给记忆合金，于是它就恢复成原来的 V 形，同时推动门板，把门关上。"明雪拿出纸和笔，一边画图（如下图），一

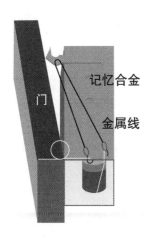

把金属片扳成 L 形

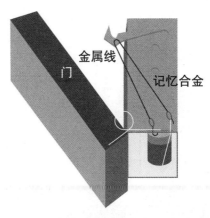

金属片受热后，恢复为原来的 V 形

铭记在心

边解说。

李雄沉思之后说："所以说，当天警车抵达时，疑犯真的在屋里，但他换上比萨店的制服，在门后这个机关装上电池，然后打开门走出来。在我们拦住他问话时，门自动关上，让我们误以为疑犯还在屋里，所以就放过他，这套自动关门的机关是用来误导警方的，等我们找来辖区负责人及锁匠把门打开时，疑犯早就逃得不见人影了。"

明雪点点头："没错，疑犯很狡猾，他应该早就想好了这套脱身计划，包括关门机关、比萨店制服和停在门口的摩托车等，我猜那辆摩托车是随时停在那里准备逃亡的。"

李雄懊恼地说："真后悔上了他的当！"

明雪安慰他说："没关系，他走得这么匆忙，不可能消灭掉所有的证据，如果仔细搜查，应该可以找到许多有用的线索，包括指纹等。还有你和林警官都已经见过他的脸，今后不会再对他一无所知了。"

李雄点点头："对，我马上联络张倩来搜证，另外再找画家按照我和林警官的描述绘制疑犯的画像，此外歹徒的这种误导手法也应该让所有警员提高警觉，我们要好好吸取这次的教训。"

明雪笑着说道："对呀！亡羊补牢，也不算毫无收获啊！"

铭记在心

科学小百科

　　形状记忆合金简称"记忆合金"，也称为"智能型合金"，是一种对温度特别敏感的特殊材料。这种合金对形状有特殊的记忆能力，在一定条件下（通常是加热到一定温度时），它就会恢复到原来的形状。

　　记忆合金为什么具有记忆能力呢？金属是由相同的原子紧密堆积而成的，而合金则是由不同的金属原子堆积形成的。由于金属原子的大小和结构各有不同，合金形成的条件也相异，因而形成不同的晶体结构，记忆合金的变化就是由于晶格结构改变所引起的。包括镍钛合金、铜锌合金、铜铝镍合金以及铜金锌合金等，现在也有以铁合金及不锈钢合金制成的记忆合金材料。在这么多的记忆合金中，以镍钛合金的应用最广泛，因为它的"记忆温度"可以借由调整镍钛的比例成分来调节。

因为记忆合金具有特殊的记忆功能，所以被广泛应用在航空航天、医疗、生物工程、能源技术中，比如骨科用的铝合金假腿的接头、接骨的骨板、飞机上的特殊铆钉，还有可缩小带上太空的庞大天线，医疗上的人造心瓣膜、脊椎矫正棍、口腔牙齿矫形，甚至是固定眼镜镜片的镜架，都有赖这些记忆合金来制作。

当局者 " 醚 "

这一堂是生物实验课，要解剖青蛙。

明雪在初中时因参加过科学社团，曾经解剖过一只青蛙，所以对这个课程有点了解。她还记得当时是用棉花蘸乙醚，蒙住青蛙的口鼻，让青蛙昏迷，然后将它钉在蜡盘（解剖盘）上，接着用剪刀剪开青蛙的肚皮，观察内脏的情形。

不过出乎意料，生物老师却要他们从解剖器材包中取出一根针，然后说："从青蛙后脑勺那个凹下去的点刺进去，稍微转一下，青蛙就会失去知觉，接下来就可以剪开它的肚皮。"老师一边示范，一边解说。

发现有新的实验方式，明雪立刻精神大振，照着老师的做法，左手抓住青蛙，并用食指将它的头轻轻向下压，然后用大拇指去摸索它的后脑勺，果然在骨头间有个凹下去的点，她用针刺下去，青蛙果然就不动了。接下来她把练习机会留给其他同学，自己跑去请教老师。

"老师，我以前学过解剖青蛙，不过是用乙醚将青蛙麻醉，为什么现在要用针刺它的后脑勺呢？"

老师说："在解剖之后，我们希望观察到青蛙内脏的运作情形，例如肺脏的呼吸，胃肠的蠕动等，所以必须确保青蛙在解剖过程中是活的，因此一般采用乙醚麻醉法或脑脊髓穿刺法。由于乙醚可燃，又有麻醉性，我怕学生吸到气味不好，所以尽量教你们用穿刺法，将青蛙的脑脊髓破坏后，在解剖过程它就不会感到痛苦。不过有些学生在第一次进行穿刺时，不容易成功，在那种情况下，我就会要求他们改用乙醚麻醉。我刚刚看到你使用穿刺法，一次就成功，技术很不错啊！"

这时，奇铮慌慌张张地跑过来说："老师，我们刺了好几次，青蛙还在动，怎么办？"

老师对着明雪笑笑说："你看吧，我说的没错吧！"然后拿出一瓶乙醚，走到他们那一组的实验桌前，教授他们用乙醚麻醉的方法。

这一堂生物课就在紧张刺激的气氛中结束了。下了课同学们仍然议论纷纷，有人认为解剖青蛙太残忍，有人却主张为了求知，这是必要的；有人嫌穿刺法太难，有人则嫌乙醚气味很怪。大家热烈地讨论着，甚至上下一堂课的化学老师走进教室了都没人察觉。

化学老师已经站在讲台上好几分钟了，竟然没有人理会他，便大声问："嘿！你们是怎么回事，不想上课了吗？"

班长惠宁急忙喊口令，全班同学也立刻安静下来，并向老师行礼。

全班行礼完毕之后，奇铮立刻说："老师，我们上一堂生物课学习解剖青蛙，我们这一组用乙醚进行麻醉，是否可以请老师为我们讲解一下乙醚的性质。"

雅薇嘲笑他说："穿刺技术不好才用乙醚，还敢说。"

奇铮正要还嘴，被化学老师挥手制止："原来你们上一堂课使用了乙醚，难怪个个头昏脑涨，连老师进教室了都不知道。"

大家知道老师乘机挖苦他们刚才秩序混乱，所以没人敢笑，只能静静听老师解说乙醚的性质。

"乙醚是一种无色，有挥发性（就是很容易变成气体）的可燃液体，有特殊气味。"听到这里，同学们都点点头。

"乙醚在实验室里常作为溶剂，在医学上则是作为麻醉剂。"

惠宁问："乙醚除了可以麻醉动物外，也可以作为人类的麻醉剂吗？"

"可以，大约在美国南北战争期间，乙醚和氯仿同时成为医学上最普遍使用的麻醉剂。因为当时战况非常激烈，经常有士兵需要截肢或动手术，幸好有了这两种麻醉剂，减轻了士兵在手术中的痛苦。后来，乙醚因为易燃，比较危险，渐渐地就不受欢迎了。不过我要提醒你们，任何麻醉剂的用量都要非常小心，稍有过量，就有可能致命，而且进行任何与乙醚相关的实验时，都要严禁烟火，以免引燃；同时要保持通风，才不会吸入过多乙醚。"

同学们点点头，因为他们早就养成习惯，进入实验室就要把窗户完全打开，所以通风良好，没有问题。

解释完乙醚的性质后，化学老师着急地说："好啦，接下来的时间，我要赶进度了，因为下周就要考试了，我们还没讲完呢！"

接下来的一周大家都忙着准备考试，直到考试结束的那一天，大家总算松了一口气。惠宁提议大家周末一起去玩，放松一下紧张的情绪。

"去哪里玩好呢？"大家问。

惠宁说："我带你们去爬山，而且那座山上有一对龙凤瀑布，风景很不错。"

有山有水，听起来不错，但是因为路途遥远，最后只有惠宁、奇铮、雅薇和明雪他们四个决定要去。

当天四个人搭着公交车进入山区，在终点站下车。因为往前就是狭窄的山路，汽车无法进入，所以公交车在空地掉头后，又下山去了。

坐了约一小时的车，雅薇想上厕所，惠宁指着空地旁的小路说："跟我来，从这里走过去有一间公共厕所，要上厕所的一定要在这里上，山上没有厕所了。"

其他两人都随惠宁沿着小路去上厕所，只有明雪没去，帮同学拿着背包在空地旁等候。这时有辆小轿车由山下驶来，停在空地中央，车上走下一名穿着袈裟的光头男子及一对老夫妇。

穿着袈裟的光头男子年纪很轻，四方形脸，虽然是和尚的装扮，但是他的眼神透露着几分邪恶，怎么看都不像出家人，更怪异的是他手里还提着一个小金属笼子，里面有只鸡。老夫妇年龄都很大，头戴保暖的毛线帽，身穿黑色棉袄，满脸风霜，看来是淳朴的老农。

明雪好意地上前告知："这个空地是公交车掉头的地方，你们的车子停在这里，公交车会无法掉头的。"

光头男子恶狠狠地说："要你管！现在只有我一辆车，我想停哪里就停哪里。"

由于对方口气很凶，明雪吓了一跳，不由得后退好几步，幸好老先生好言相劝："师父，我们就把车移到旁边，这样大家都方便啊！"

光头男子悻悻然地把车移开，停好车后，还狠狠瞪了明雪一眼，才领着两夫妇沿着上山的台阶往上走。

几分钟后，上厕所的同学陆陆续续回来了。

雅薇笑着说："太夸张了，厕所竟然长青苔，可见这里有多偏僻啊，厕所大概很少有人用。"

奇铮发现空地上多了一辆车，就问："除了我们之外，还有其他人来爬山吗？"

当局者"醚"

明雪点点头说:"嗯,一对老夫妇和一个凶巴巴的和尚。"

明雪一边走,一边把刚才受和尚呵斥的经过说给大家听,大家都说没见过修养这么差的出家人。

奇铮说:"我猜他一定是个假和尚,如果当时是我在场,就和他吵架,我才不怕他呢!"

这时前方出现一条岔路,大伙停下脚步,问惠宁到底该走哪一条路。

"反正都可以到瀑布,我们就走右边那条路上山,等一下走左边那条路下山吧!"

右边那条路宽敞好走,过了几座石桥,就看到瀑布,水量虽然不大,但是好像茂盛的林木之间夹着一匹白练,好不美丽!

下山时,惠宁指着右边的石桥说:"如果刚刚我们走左边那条路就会通过这座石桥,这条路距离较短,但因道路狭窄，很少人行走。"

这时雅薇坚持要走通过石桥的小路："我的脚酸死了，只要能快点下山就好，管他路宽路窄。"

于是大伙就依她的意思改走小路下山，没过多久就发现前方路边小庙处有几个人在讲话。走在最前面的明雪立刻用手势要大家安静："嘘！不要出声，那个很凶的和尚在前面。"

奇铮说："原来他跟我们走不同的路线，难怪一路上没见到，可是我们为什么要怕他啊？"

"不是怕他，因为我觉得他形迹可疑，我们不妨躲在树林里，偷偷听他在说些什么吧！"明雪说。

惠宁笑着说："原来明雪又想扮演小侦探了，好吧，我们就来看看这个和尚在搞什么鬼！"

只见和尚念了一长串咒语之后，对老先生说："你太太得的这个病是不治之症。我从刚刚做法到现在，终于获得庙里供奉的神明同意，用这只鸡来代替她死。"

和尚一边说一边用左手从笼子里抓起那只鸡，嘴里念

当局者"醚"

着咒语，接着用右手按在鸡的喙部，不一会儿，本来奋力挣扎的鸡就僵直不动了。

"你看，这只鸡已经代替你死去，你将可以死里逃生，这场病可以不药而愈。"和尚对老妇人说。

老妇人高兴得双手合十，向和尚鞠躬："谢谢师父救命之恩，可是这只鸡也太可怜了吧！"

和尚笑着说："别担心，我再施展法术让它复活就好了。"

说着和尚把鸡放在地上，然后念念有词，不久之后，鸡的身体又动了起来，摇摇晃晃地站了起来。

老夫妇大感惊讶："师父真是法力无边呀！"

和尚笑着说："没什么，我已经依照约定帮你们消灾解难，我们下山吧！"

老先生立刻双手奉上一沓钞票："师父，感谢您救了夫人的命，这是事先约定好的费用，请您收下。"

和尚笑着把钱收进袈裟里，然后提着空笼子往山下走去。

老夫妇问："师父，这只鸡不要了吗？"

和尚头也不回地说："这只鸡已经替你死过一次，功德圆满，将它放生吧！"老夫妇急忙追上去。

等他们走远之后，奇铮立刻冲过去抓鸡，由于那只鸡走起路来仍然跌跌撞撞，一下就被奇铮抓到了。明雪则跑到小庙前的空地，蹲在地上寻找，不久果然找到一团潮湿的棉花，她将棉花捡了起来，用手搧向自己的鼻子，果然闻到一股熟悉又特殊的气味。她用肯定的语气说："果然是乙醚，没错！"

其他人也接过去用同样的方法搧气嗅闻，这方法是化学老师上课教过的，以免在嗅闻时吸入太多有毒气体，每个人闻过后都说："嗯，就是那天解剖青蛙时闻到的味道。"

明雪怕乙醚挥发掉，就拿出一包面巾纸，把纸取出，用塑料袋把那团棉花包好，并走到一旁拨打手机。

雅薇说："所以这个和尚是在装神弄鬼喽！他根本没有什么法力，只是偷偷用蘸了乙醚的棉花掩住鸡的喙部，

让它昏迷，令老夫妇误以为鸡已死掉。然后他把鸡放在地面，过不久麻醉药效退了，鸡又醒过来了，并不是死而复生。"

奇铮说："对呀，就像那堂实验课，我们这一组用乙醚麻醉青蛙时，第一次因使用的乙醚分量不足，没过几分钟，青蛙就醒过来了。"

惠宁说："这个和尚用这种方式诈取钱财，还让老妇人误以为自己的病已经好了，因而延误就医，太可恶了，我们怎么制止他？"

雅薇说："快点报警！"

明雪笑着说："其实当他凶巴巴对我讲话时，我就怀疑他是假和尚，因此偷偷记下车牌号，在他做法的空当，我就怀疑他使用麻醉剂，等他们一离开，我就找寻证据，还好找到有乙醚气味的棉花，可以说证据确凿，因此已经打电话报警了。"

奇铮说："我也猜到了，所以动手抓鸡作为证据，可是我担心等警察赶到时，他可能已经逃之夭夭了。"

惠宁说："这倒不必担心，下山的路只有一条，警察只要在半路上拦截，他一定逃不了的。"

明雪开心地说："看来不只我是小侦探哦，今天大家都发挥了高明的推理能力。"

他们一行人边走边聊，已经来到等车的空地，和尚的车子果然已经开走了。他们看看公交车站牌上的班次时间表，一小时后才有车，只好无奈等候。不料约十分钟后，一辆警车开上山来。

开车的警察摇下车窗问："你们就是报案的高中生吗？快上车，我们已经依照你们提供的车牌号在半路逮捕假冒和尚骗财的歹徒，他用类似手法已经诈骗过很多人了，现在需要你们去派出所做笔录。"

明雪说："不只这样，我们手上还搜集了所有的证据呢！"

奇铮高高兴兴地抱着鸡上了警车，笑着说："哈！我本来还担心抱着鸡不能上公交车呢！"

当局者"醚"

科学小百科

乙醚又称二乙醚或乙氧基乙烷，结构简式为 $(C_2H_5)_2O$。这是一种无色透明液体，但因为乙醚的沸点只有34.5℃，故极易挥发、易燃，气味带有刺激性的特殊甜味，以前常常被当作吸入性麻醉剂。

乙醚也是一种用途非常广泛的有机溶剂，可用作蜡、脂肪、油、香料、生物碱、橡胶等的溶剂，在与空气隔绝时相当稳定，在空气中久置后能生成有爆炸性的过氧化物。一旦乙醚蒸气遇到火花、高温、氧化剂、过氯酸、氯气、氧气、臭氧等，就有发生燃烧爆炸的危险，有时也会因静电而起火。

恶"磷"

　　星期三下午，明雪放学回家时，发现门口停了一辆警车，感到奇怪极了。走进客厅，她发现担任刑警的李雄叔叔和爸爸正泡着茶谈话，更加意外。

　　"李叔叔，你怎么有空？"每次见到李雄时，都见他忙得晕头转向，很难想象他有空来找爸爸聊天。

　　李雄苦笑："哎呀！我不是来聊八卦的！因为公事上的需要，所以来向你爸爸请教。"

　　李雄叔叔的公事应该就是处理刑事案件，这下子明雪的兴趣全来了，书包一放，就坐下来听。李雄知道明雪对侦探工作特别感兴趣，所以也不以为意，继续谈他最近工作上的麻烦。

"调查局最近给了我们一项情报，说是冰毒之王许国伟，可能潜入我们的辖区。"

"冰毒？加了毒药的冰吗？"明雪很困惑。

"不是！"爸爸差点把嘴里的茶喷出来，他摇摇头，心想明雪虽然是个厉害的小侦探，但毕竟是小孩子，对这些不法分子惯用的黑话，似乎完全不懂。"冰毒是指甲基安非他明的氯化物或硫酸盐。因为是纯白色晶体，晶莹剔透，外表看起来像冰，所以俗称为冰毒或冰块。"

李雄在一旁补充说明："制造、运输、贩卖甲基安非他明等毒品，可处死刑、无期徒刑或七年以上有期徒刑，并处罚金。"

明雪吐了吐舌头："好重的罪呀！"

李雄说："这个许国伟本来是台湾大学的化工硕士，没想到他利欲熏心，利用专业知识制造冰毒，由于做出来的冰毒纯度高，产量大，竟然成为台湾最大的冰毒供货商，在黑道中号称冰毒之王。半年前，他在高雄的地下工厂被调查局破获，手下被捕，只有他狡猾地逃走了。调查局的情报显示他跑到我们辖区另起炉灶，打算东山再起，所以调查局就请我们帮忙调查。可是因为这类非法制毒工厂大都伪装成住宅或其他产业的工厂，要识破不容易，所以我特地来请教你爸爸这位化学老师，看看制造冰毒的工厂有哪些特征，这样查起来才有头绪。要是我们自己查不出来，到时候被调查局的探员在我们辖区中查出冰毒工厂，那多没面子呀！"

"制造甲基安非他明的方法很多，最简单的方法就是用麻黄素为原料，然后用氢碘酸把它还原成甲基安非他明……"爸爸滔滔不绝地上起了化学课。

李雄表情痛苦地喊停："够了，义志兄，你越说我的头越痛，你不要告诉我那么多专业名词，只要告诉我制造冰毒的地下工厂有哪些特征就可以了。"

爸爸想了一想，归纳出几个重点，用最简明扼要的方法说出来："麻黄素可以治疗气喘、支气管炎，也是某些减肥药的主要成分，歹徒可能会以大量成药作为麻黄素的

恶"磷"

来源，所以如果某个住户或工厂的垃圾中大量出现同一种成药的包装，就很可疑。另外，氢碘酸是最强的酸之一，所以如果某间房子飘出酸味，也值得注意。"

李雄急忙拿出笔记本，记下这两个特征："好，我先根据这两个特点对辖区内的房屋做调查，希望能有收获。"

这时，李雄的手机响起来，他接听之后，立刻向爸爸告辞说："有一名妇女到警局报案，说她的小孩从中午放学后，到现在还没回家。我觉得现在的小孩有的只是躲到网吧打电玩，暂时不想回家，家长可能太大惊小怪了，其实这种情形，大多再等几小时，等小孩玩累了就会回家。不过既然这位母亲到警局要求协寻，局里的领导要求我回去侦办这个案子，我现在要赶回去了。对了！失踪的那位小朋友就是明安他们学校的同学，叫林大显。"

明雪惊叫道："林大显？那是明安的同班同学啊！"

爸爸说："明安今天只上半天课，下午打完球就回来了，大概打球太累，现在还在房间里睡午觉呢！明雪你去叫他出来，看看他知不知道林大显可能到哪里去。"

明雪依言进房去把明安叫醒，明安睡眼惺忪地走出房间，向李雄问好后，听说林大显失踪，十分震惊，说："不可能啊，大显今天下午还和我们一起打棒球啊，他从来不上网吧，每天都准时回家。"

李雄点点头，想到可能真的出事了："难怪他母亲会这么担心，你们几点离开学校的？"

"我们不是在学校操场打球的！今天学校只上半天课，所以很多人都要打棒球，学校操场和公园都有其他队在比赛。我们只好到公园旁的空地上去打球。"

"你们打到几点才分手的？"李雄问。

"比赛进行到第三局时，我打了一支全垒打，球飞进空地旁一间工厂里去了，工厂门口刚好站着一个工人，他进去帮我把球捡出来，但是凶巴巴地叫我们不要在那边打球，否则球再飞进工厂去，就不还我们了。因为被那个工人臭骂了一顿，心情不好，我就带着球回家了，其他人仍然留在那里继续打球。我离开时是下午一点半，他们就算继续打完六局，也会在两点半左右离开，现在五点钟了，

恶"磷"

大显还没到家，的确不寻常。"

李雄向明安要资料："和你们一起打球的有哪些同学，你有没有他们的电话？我必须一个一个问，才能确定大显是几点离开球场的，有没有告诉同学说他要到哪里去。"

明安看了爸爸一眼，说："我们老师说，现在有了个人资料保护法，我们不能随便把同学的数据给别人。"

爸爸点点头说："李叔叔是为了办案而搜集数据，依法可以不受限制，同学也会谅解。不过如果你担心的话，由你负责联络同学，帮李叔叔问话也可以。"

这等于是让他参与办案，明安真是求之不得，他立即跑进房间拿班级通讯簿。明雪也跟着进到他的房间，看到明安在书桌上堆积如山的物品中翻找数据，不禁责备他："平常教你把桌面整理干净都不听，现在要找东西可麻烦了！"边说边动手帮他整理桌子，见他的棒球手套扔在书桌上，而且球还在手套里。她把手套拿起来，想放到架子上。就在这时候，她突然灵光一闪。

"球和手套借我一下。"她对弟弟说。

明安终于找到通讯簿了，随口答应了明雪的要求，就跑到客厅，把通讯簿交给李雄："今天下午和我们一起打球的有……"

李雄说："你帮我一个一个打电话问，看看在你离开之后，他们又打了多久的球，几点钟离开，最后看到大显的人是谁。"

明雪不理会客厅里的对话，她小心翼翼地把手套和球拿到自己的书桌上，然后戴上橡皮手套，取出手套里的球，仔细观察。她发现在白色的球上，除了黄土之外，还看到有一些暗红色的粉末。

她用棉花棒沾了一些暗红色粉末，走到客厅，拿给爸爸看："爸，你觉得这些粉末可能是什么物质？"

爸爸仔细观察那些粉末之后，要明雪去拿火柴盒来。明雪找到火柴盒，但爸爸并不伸手接，反倒是把棉花棒放在火柴盒侧面，要求明雪比较。

"你觉得这两者的颜色像不像？"

明雪比对了之后，瞪大了眼睛："你是说……这是

恶"磷"

红磷？"

爸爸点点头："嗯，如果没错的话，这家工厂可能……"

这时候门铃响了，明安的同学陈政宜走了进来。

明雪问："这是怎么回事？"

明安解释道："我打电话问同学，结果政宜说他是最后和大显分手的人，反正他家离我们家很近，干脆请他到家里来，直接说给叔叔听。"

政宜接下去说："明安走了以后，我们继续打球，过了一会儿，大显又把球打进了工厂围墙里。我们在门外叫了很久，都没有人理，只好解散，各自回家。因为明安把第一个球带回家，后来飞进去的球是我的，我临走前跟大显讲，球是他打进去的，要他买一个赔我。我走的时候，大显还待在工厂围墙外不肯走。"

爸爸对明安和政宜说："你们想想看，那家工厂有没有什么特殊的气味？"

两人都说："有一股刺鼻的酸味。"

爸爸对李雄说："说不定这就是你要找的冰毒工厂。"

李雄皱着眉说："光凭酸味就判定，太武断了吧！很多工厂都有酸味的啊！"

爸爸把手中的棉花棒交给李雄，说："把这支棉花棒上的粉末交给张倩化验看看，如果真的是红磷的话，大显就有危险了。你听政宜描述的经过，大显有没有可能因为担心赔不起那个棒球，所以冒险爬入工厂围墙呢？如果因此撞见制毒过程，歹徒恐怕不会放过他。"

明雪觉得爸爸的顾虑很有道理，便自告奋勇地说："李叔叔，你快到工厂救大显，我送棉花棒到张阿姨的实验室去。"

"我先到工厂拜访，这样歹徒就没有机会加害大显，你们化验的结果出来后，请张倩立即发短信给我。"李雄接着对明安说，"你带路，我们马上到工厂去。"

明雪用塑料袋装好棉花棒，立刻出门招出租车，直奔鉴识科。

而明安则搭上李雄的警车，赶往工厂。李雄用车上的无线电呼叫副手林警官率领其他警员到工厂外待命后，告

恶"磷"

诉明安:"虽然这家工厂可能是犯罪场所,但是在我们没有证据之前,千万不能胡乱指控,也不能轻举妄动。万一真的是冰毒工厂,歹徒可能会反抗,等一下你带我到门口后,你留在车上别进去,才不会遭遇危险。"

明安点点头,说:"好,我不下车,你们也要小心!"

依明安指示的路线,警车开到了工厂门口,李雄下车按了门铃,里面明明灯火通明,但无人应门。这时候,支持的警力也已经赶到,李雄下令林警官率领部分警员绕到后门包围。

另一方面,张倩在实验室里,把棉花棒上的粉末抖落到一根玻璃管里,然后放入仪器中测量,没多久,就说:"是红磷没错!"

等张倩把检验结果传给李雄后,明雪好奇地问:"为什么制冰毒会和红磷扯上关系呢?我爸爸说一般制毒的人是用麻黄素为原料,然后用氢碘酸把它还原成甲基安非他明,没提到红磷啊!可是他一发现明安的棒球上沾了类似红磷的粉末,立刻就推测可能与冰毒有关。刚才时间匆忙，我还没问他原因呢！"

张倩请明雪坐下，为她详细解释："歹徒私设冰毒工厂时，往往利用碘与红磷为原料，制造氢碘酸，所以这两种物质也是地下冰毒工厂的特征。"

一小时之后，明安跑进实验室来，兴奋地大叫："姐，我们把大显救出来了，歹徒也被抓起来了，现在李雄叔叔正在问口供。"

原来，当李雄收到张倩的简讯，正准备围攻时，部分歹徒挟持大显想从后门逃走，被林警官拦住，双方发生打斗。李雄听到后门有情况，立即由正面破门而入，发现许国伟正在破坏制毒设备，意图消灭证据，当场对其予以逮捕。

明安愈讲愈高兴："姐，你没去现场太可惜了，你都没看到李叔叔制伏歹徒的经过，我在车上看得一清二楚，比警匪片还精彩呢！"

明雪也不甘示弱："我在这里看张阿姨做实验也很精彩啊！而且还学到很多化学知识呢！"

恶"磷"

明安摇摇头说:"我一点儿都不羡慕。"

这时,李雄走进实验室说:"大显已经由他妈妈接回去了,冰毒大王许国伟和他的同伙全都认罪了。我现在带你们两个回家吧!顺便要谢谢你们的爸爸呢,冰毒工厂里的情形果真和他说的一样,除了酸味扑鼻外,垃圾桶里全是支气管炎的成药包装盒。我们每个人如果多注意小区里是不是有什么异常的情形,或许冰毒工厂就无法在小区里隐藏了。"

明安点点头说:"嗯,小区里躲藏了这种坏蛋,如果没有实时破获的话,大家的日常起居都不安全啊!"

甲基苯丙胺，又称甲基安非他明，本身难溶于水，若制成它的氯化物或硫酸盐，呈白色或无色结晶或粉末，又称冰毒，易溶于水，是一种人工合成的兴奋剂。它的副作用包括厌食、过度亢奋、瞳孔放大、皮肤潮红、大量排汗、口干舌燥、头痛、呼吸急促、血压不稳等。更糟糕的是有成瘾性及毒性，已经成为世界上危害最大的毒品之一。

麻黄素也是一种危险的药物。中药以麻黄治疗气喘及支气管炎已有数百年的历史，但副作用很多，包括心跳过快、皮肤潮红、恶心。因为化学结构与甲基安非他明很像，所以歹徒常以含麻黄素的药物为原料，制造甲基安非他明。

恶"磷"

“啡”法药物

今年春假，明雪一家人到五峰乡山区度假。那是一个开在山顶的森林农场，同时兼营餐厅与民宿。由于风景优美，加上又近登山口，所以虽然山路极为崎岖，却仍然人满为患，一房难求。

爸爸开了将近一个半小时的山路，才到达目的地，眼见满山的樱花，地面绿草如茵，加上远处峰顶的山岚，真是美极了。

他们办好住房手续，把行李搬进房间后，就到后面的森林步道散步。

第二天早上六点多，爸妈就一直催促两个孩子快点起

“啡”法药物

床洗漱。可是明安爬不起来，一直拖拖拉拉，直到六点半才睡眼惺忪地走出民宿大门。

户外已经相当明亮了，可是太阳尚未露脸。冷风一吹，有几分寒意。

明安这下清醒了："啊，好冷，我要回房间去拿件衣服。"

爸爸说："来不及了，太阳再过几分钟就要出来了。没关系，走一会儿山路，你就会觉得热了。"

一家人从后面山坡爬到高处，当地早有一排像大炮样的单反相机在等候猎取美丽的画面。就在他们抵达坡顶的同时，一道耀眼的金光由对面山头射出。大家惊呼一声："太阳出来了！"

明雪庆幸地说："还好我们赶上了，要是错过这么美的画面就太可惜了！"

这时，妈妈发现明安早已冻得嘴唇发紫，身体也不停地发抖，急忙问他："你怎么啦？太冷了吗？"

明安点点头，妈妈急忙带他回到民宿穿衣服。

早餐后，他们又到后山森林中观赏神木，直到十点钟左右，才整装下山。

由于是原路下山，山路依然蜿蜒曲折，惊险万分。爸爸已经不像昨天那么紧张了，反而一边听着音乐，一边开车。可是明安在车上开始咳嗽，坐在他旁边的明雪用手探了探他的额头，觉得挺烫的，赶紧说："妈，弟弟好像在发烧。"

"糟糕！大概是感冒了。"妈妈担心地说。

爸爸皱着眉说："山区要找医院不容易呀！等一下路边如果有药店就先买些药让他吃，等回家后再去医院看病吧！"

不过山区里连药店都没有，他们一直开车走到竹东镇上才看到药店，爸爸把车停在路边，去药店买药，明雪也跟了过去，妈妈则换到后座照顾明安。

虽然已接近中午，但小镇的药店显然生意很冷清，店里没有开灯，一片漆黑，里面走出一名穿着店员衣服的中年男子。

"啡"法药物

爸爸向店员说:"我要买能止咳退烧的感冒糖浆!"

店员拿了五六种药摆在玻璃橱柜上,说:"这些都是感冒糖浆,你要哪一种?"

爸爸说:"我不要含可待因的。"

店员笑了笑说:"现在市售的感冒药其实已经都不用可待因了!"

于是爸爸放心地从玻璃橱柜上挑了一瓶感冒糖浆,并付了钱。在等待找钱时,明雪问爸爸说:"为什么你特别指明要不含可待因的药呢?"

"可待因可用于止痛、止咳,治疗拉肚子、高血压及

心肌衰竭,抗焦虑,也可以当镇静剂、安眠药。"

"哇!有这么好用的药,为什么不用?"明雪惊讶地说。

店员把该找的零

钱递给爸爸，并插嘴说："你知道吗？可待因又叫'3-甲基吗啡'，是一种天然存在于鸦片中的成分。"

"吗啡？鸦片？这些不都是毒品吗？"明雪一听到这些名词立刻神经紧绷。

"是呀！虽然可待因的成瘾性在鸦片药中算是较低的，但人体内经新陈代谢仍会产生一定量的吗啡，所以你爸爸才会有所顾虑。从前的确有些感冒药含可待因，但后来卫生署将可待因列为管制药品，现在只要是合法药厂制成的产品都不含可待因了，不必担心！"

这时候药店门口传来"嘭"的一声巨响，似乎是车辆撞击的声音，明雪和爸爸对望了一眼，急忙拔腿跑出药店，只见一辆白色货车绝尘而去。

两人跑到自家车旁，问坐在车里的妈妈和明安："是被那辆货车撞了吗？人有没有受伤？"

妈妈惊魂未定："人没怎样，不过后面被撞了一下。"

爸爸到车子后面一瞧，只见车尾凹下去一块儿。

爸爸愤怒地说："可恶，撞了我的车，还逃逸。"

"啡"法药物

明安本来人就不舒服，这下脸色更加苍白，咳得更厉害了。爸爸和明雪分别打开车门，坐进正副驾驶的位置。明雪把感冒糖浆递给明安："先吃药吧，吃完看看会不会舒服一些。"

接着她转头对爸爸说："我刚才记下货车的车牌号码了，我们可以到附近的派出所报案。"

爸爸一听，非常开心，马上拨打手机报案，然后静候警察前来。

等候的时间里，明雪有一大堆问题要问爸爸："刚才我听你和店员的说明，才知道原来可待因是一种介于药物与毒品之间的化合物，还有这一类的物质吗？"

爸爸说："其实几乎所有的毒品一开始都是药物。人类从新石器时代就开始种植罂粟，作为食物及麻醉药。将罂粟的汁干燥后，可提炼出鸦片。苏美人、亚述人及埃及人都广泛使用鸦片作为止痛药，让外科手术能够顺利进行。鸦片里含有12%的吗啡，吗啡又经常被制成另一种非法的药物——海洛因。"

明雪恍然大悟："原来这些毒品，是一系列相关的化合物啊！"

"不但如此，由鸦片演变到吗啡、海洛因，毒性愈来愈强。但人类一开始并没有察觉这些药物带来的害处，反而认为使用这些药物可以带来灵感，例如小说中描述的名侦探福尔摩斯就有施打吗啡及可卡因的习惯。"

"啊？福尔摩斯是个毒虫？"明雪顿时感到偶像幻灭。

爸爸笑着说："别太难过，小说设定的年代是在十九世纪下半叶，那时候施打吗啡及可卡因尚未被判定为非法。吗啡可以止痛，但可惜很容易使人上瘾。为了制造出效果较好、毒性较小的止痛药，1898年，德国一家染料工厂，用吗啡和乙酐反应，做出了二醋吗啡和醋酸。在20世纪初，人们很快就发现这种二醋吗啡有麻醉剂和镇咳的效果，比吗啡还要好，就以海洛因作为它的商标名称，上市贩卖。当时很多医生大力推荐这种新药，可惜最后发现海洛因的成瘾性竟然比吗啡还强，以致许多国家都将持有、制造及运输此种药物列为非法行为。"

"啡"法药物

这时调查车祸的警察已经到了，其中女警员负责拍照和测量车祸现场，另一名男警员则找爸爸问话。

过了几分钟后，女警员完成测量，对爸爸说："这段道路没有绘制白线或黄线，你们可以停车，而且停车位置也没有跨越中线，因此发生事故的责任在对方。"

男警员说："我刚才用计算机查你们记下的车牌号，查出车主住在峨眉乡，离这里不太远。这起车祸没有人员受伤，主要是财务赔偿的问题，我们可订一个时间通知你们双方来警局谈判赔偿事宜。"

爸爸听到还要跑这么远来谈判，不禁有点犹豫："为了小小的碰撞，我们还要跑到竹东来谈判啊！要是一次谈不成，岂不是要来回好几次？你是否可以把对方的住址给我，反正峨眉乡离这里不远，我今天就去谈，如果谈不成，再进行法律诉讼。"

男警员想了想，说："干脆这样好了，我们现在要去通知对方他肇事逃逸的事已被告发，不如你们的车就跟在后面一起去，有话当面说清楚，如果能早早把案子做个了结最好。"

爸爸也觉得这样最好，于是跟在警车后面开，大约走了十公里，就到达美丽的峨眉湖。湖面开阔，上面漂浮着一些紫色的布袋莲，风景真是优美。警车在离湖不远的一间别墅前停了下来，爸爸也把车停在警车后面。别墅的造型非常漂亮，由一高一矮两栋建筑构成，门前还有水池，高的那栋有玻璃帷幕，矮的那栋却连窗户也没有，但奇怪的是别墅里竟然传来阵阵刺鼻的酸味。透过铁栏杆可以见到一辆白色货车停在矮建筑前面，而且车牌号码正好符合明雪记下的车号。

明雪高兴地大喊："逮到了。"

两名警员下了车后，打个手势要明雪一家人留在车上，便走到大门前按门铃。玻璃帷幕后面闪过几个人影，向下张望后，紧张讨论了一阵子，几分钟后才有一个骨瘦如柴的人前来开门。他很快走出门口，并迅速把门关上。

瘦子在和警察讲话时，妈妈问·"什么东西会发出这么刺鼻的酸味啊？"

"啡"法药物

爸爸说:"我觉得这是醋酸的味道,实验室的冰醋酸就是这个味道。"

"醋酸?可是醋不会那么刺鼻呀!"妈妈又说。

明雪解释说:"虽然醋酸是醋里的主要成分,但因为我们吃的醋里面只含3%~5%的醋酸,所以不会像冰醋酸那么刺鼻。"

瘦子跟警察说了几句话后,就直接走到爸爸的汽车前,隔着窗子对爸爸说:"先生,对不起,是我的司机阿龙撞到你的车!他一时惊慌就跑了,回来向我报告后,已经被我骂了一顿。你的损失我赔你!要多少钱?"

爸爸打开车门,下车对他说:"我也不知道要多少,这样好了,我们先签个和解书,到时候车厂的估价单出来,我再通知你付钱就好了。"

瘦子皱着眉说:"这样麻烦啊!我给你二十万,够不够?"说着就掏出一沓钞票递给爸爸。

爸爸有点不知所措:"应该不需要这么多……"

对方却硬把钱塞进爸爸手里:"没关系啦!反正错在

我们，这样一次解决比较简单！"说完又对两位警员说："这样没事了吧！"说完走进别墅，把门关上。

女警员笑着对爸爸说："想不到对方这么干脆！你们也不用担心要再跑一趟了。"说完挥挥手，两名警员就要走回车上。

明雪急忙下车，叫住两名警察："请问一下，这里是工厂吗？"

男警员仔细观察了一下这两栋建筑："应该不是吧！看来是有钱人的别墅，从刚才他出手那么爽快，就知道真的是有钱人。"

女警员问："小姑娘，你为什么这么问？"

明雪有条不紊地说出自己的推理："首先，有钱人的别墅为什么会飘出刺鼻的酸味？为什么别墅里的司机不是开轿车，而是开货车？小碰撞为什么不敢面对，要逃跑？等到被发现了，又急着给钱，有点太爽快，感觉似乎怕我们停留在这里太久会发现什么内幕似的。"

男警员想了想说："有道理，不过这里不是我们的辖

"啡"法药物

区，我们要回去调数据出来查一下，如果有必要再申请搜查令。假如这栋别墅真的是地下工厂，就有可能涉及逃漏税及环境污染等问题。"

明雪迟疑了一下，才说："请仔细调查，而且要小心，万一不只是地下工厂。"

女警员问："你到底在怀疑什么呢？"

"也没什么，只是刚才和我爸聊天，提到由吗啡制造海洛因的过程，会产生醋酸。又恰好闻到这栋别墅传出醋酸的味道，才会产生联想，怀疑这里会不会是制造海洛因的工厂，只是我的猜测，并没有进一步的证据啊！"

男警员说："嗯，是有这种可能，据我所知，为了追查海洛因工厂，法国警方还特别训练一批警犬，专门嗅闻醋酸味。总之，谢谢你的细心提醒，我们会调查这栋别墅的疑点。"

返家之后，明安的感冒在两三天之后就好了。爸爸的车做了钣金和烤漆，只花了六万多元。

这天晚上，一家人正在讨论要不要把多余的钱还回去，突然电视新闻报道了一则消息：峨眉乡破获海洛因工厂。画面上正是那栋美丽的别墅。

爸爸感慨地说："做坏事的人，处处躲躲藏藏。躲到乡下开非法的毒品工厂，可是法网恢恢，疏而不漏，就凭一点儿刺鼻酸味，就让我们家的小侦探揭穿了。"

"啡"法药物

科学小百科

　　乙酸在常温下是一种有强烈刺激性酸味的无色液体，也是食用醋中酸味及刺激性气味的来源。乙酸的熔点为16.5℃，沸点为118.1℃，纯的乙酸在低于熔点时会冻结成冰状晶体，所以无水乙酸又称为冰醋酸。

　　乙酸是制备很多化合物所需要使用的基本化学试剂，用途相当广泛，其中包含电影胶片，另外冰醋酸会使用在染布的工艺上。在食品工业方面，乙酸是一种酸度调节剂。虽然乙酸的沸点很高，不过高浓度的乙酸在温度到达39℃时，极有可能混合空气导致爆炸，因此要小心使用。

谁来"砷"冤

班长黄惠宁家最近新买了一套卡拉 OK 音响设备，她邀请全班同学去她家唱歌。身为她的死党之一，明雪当然一定要参加啦。

明雪喜欢唱歌，但其实不太喜欢在众人面前唱歌，她觉得唱歌是为了让自己心情快乐而唱，为什么要当着大家的面唱？尤其是拿着麦克风唱更不自然了。

所以她只顾着吃，除了惠宁的父母准备的点心之外，许多来唱歌的同学也都带了一些零食，可以让她大快朵颐。幸好音响一打开，就有一堆人抢麦克风，根本没有人注意到她有没有唱。

惠宁养的小狗阿肥是一只博美犬，除了嘴部附近是白色的毛之外，身体其他部位都呈浅棕色，毛茸茸，胖嘟嘟（阿肥这个名字可不是乱叫的），十分可爱。阿肥对唱歌的那些人没什么兴趣，倒是对明雪手上的食物很感兴趣，一直歪着头对着明雪瞧，最后明雪受不了它可爱的模样，只好把食物分给它，并一把抱起它。

当雅薇正唱起刘若英的 *Can't Stop* 时，卡拉 OK 突然没了声音，电视画面也消失了。

众人惊呼："怎么回事？"

"雅薇，你唱歌太大声了，把麦克风烧掉了吧！"

"胡说！"

明雪放下阿肥，问惠宁说："家里有三用电表及螺丝起子吗？"

"有。"惠宁立刻从柜子里拿出工具箱交给明雪。

"这个交给明雪就好，

该我们去吃东西了吧！"众人一看明雪准备动手检修，笑着说："我们本来还说明雪又不唱歌，来这里做什么，原来她就是为了帮我们修理电器啊。"

明雪不理会众人的戏谑，先把音响及电视的插头拔出来，用电表量插座的电压，发现是零。她只好进一步把整个插座上面的盖板掀起来。一看之下，真令她头皮发麻，不禁发出一声尖叫。因为里面布满了蠕动的白蚁，而且插座底下的木材全被蛀光，插座下陷，导致电线脱落，所以音响与电视才会"罢工"。

其他人听到明雪的尖叫声，也跑过来看，瞧见白蚁乱蠕的景象，嘴里有食物的人差点吐出来。

明雪用三角钳夹住电线，小心翼翼地把松脱的电线插回插座孔中，并把插座恢复原状。插上插头之后，各个电器又恢复运作。

惠宁招呼大家："谢谢明雪，我们大家再来唱吧！"

可是雅薇脸色苍白地说，"对不起，我一想到电视下面有那么多白蚁乱蠕，就没有心情唱下去了。"

其他人也都失了兴致，东西也不吃了，过了一会儿，一个一个全告辞走了。

明雪尴尬地说："对不起，我不应该尖叫的，引得大家看到那些白蚁。不过你们家的白蚁问题要快点处理，下次如果别处也发生这种电线松脱的现象，难保不会发生短路，引发电线走火。"

惠宁拍拍明雪的肩膀说："怎么会是你的错呢？你那么热心主动修好电线松脱的问题，又发现白蚁窝的位置，我感谢都来不及呢。"

惠宁急着打电话叫她爸爸回来处理白蚁窝，明雪最后再抱抱阿肥后，也告辞离开。

星期一上学时，大家见到惠宁不免又问起白蚁的问题处理了没有。

惠宁说："当然非尽快处理不可，今天会有专门清除白蚁的公司到家里来。"

大伙看惠宁的表情，似乎不想讨论这个话题，就不敢再问下去。

谁知星期二一大早，当明雪准备要上学时，却接到惠宁的电话，她哭着说阿肥突然死了，爸妈交代她今天要处理阿肥的遗体，无法去上课，拜托明雪帮她请假。

明雪吓了一跳，她深知惠宁非常疼爱阿肥，这件事对她一定是非常沉重的打击，所以她在上学途中，改道赶到惠宁家来安慰她。

"告诉我怎么回事？"明雪搂着惠宁的肩膀问。

"我昨天放学时，就发现阿肥不停呕吐、拉肚子，而且非常疲倦的样子，赶紧把它送到兽医院，医生认为是吃了不新鲜的食物，所以开了一些胃肠药给它吃，谁知今天早上我起床时，却发现阿肥已经死了。"

明雪心中立刻浮现出许多疑问，是兽医开的药有问题吗？但是她又想到惠宁家昨天刚好进行清除白蚁的工程，会不会是阿肥误食了杀白蚁的药呢？

她立刻拨了手机给鉴识专家张倩，告诉她整个情况。

　　张倩显然是由床上爬起来听电话的，但仍然耐心地为她解释："无论是兽医的误诊，或是喷洒白蚁药不慎造成宠物狗死亡，我们警方都不会插手，也不可能动用警方的鉴识器材去检验狗的死因。宠物死亡不是刑事案件，而是民事赔偿案件，还是请你同学准备好证据，再到法院控告，由法官判定对方是否有过失，如果有过失，就可以请求赔偿。"

　　明雪急忙说："我知道，我不敢要求警方调查。只是我们现在漫无头绪，要告也不知道要告谁，所以想请教阿姨，小狗这种突然死亡的情形，可能是什么原因造成的呢？"

　　张倩想了一下之后说："依你的描述，惠宁家昨天刚请人喷洒白蚁药，当天晚上小狗就中毒，我想有可能是厂商使用的药物有毒，而且很可能是三氧化二砷。"

　　明雪吓了一跳："那不是砒霜吗？"

　　"没错，砒霜是有名的毒药，常作为杀虫剂，急性砒霜中毒的人，症状很像肠胃疾病，会呕吐、腹痛及拉肚子等，医生很容易误判，虽然我不太懂动物的病理，不过你同学那只狗的中毒症状与人类砒霜中毒的情况非常类似。"

挂断电话后，明雪心中已经有了谱，但是张倩已经讲明警方实验室不能借用，要怎么证明白蚁药有毒呢？

"明雪，你上学快迟到了！别忘了，还要到学校去帮我请假呢！"惠宁催促着明雪。

"等一下，你拿一个干净的塑料袋给我。"

"怎么啦？"

"我要搜证，我想在白蚁窝附近采集一些残余的粉末，到学校请化学老师教我检验砒霜的方法。"

"砒霜？可是厂商的宣传单上说他们使用的药剂是天然无毒的啊！所以我们才会打电话找他们。"

明雪只能说："还只是猜测，但我会想办法找出证据。"

她使用工具打开电视机后面的插座面板，已经看不到白蚁乱窜的情形，蛀蚀的木头缝隙间有一坨一坨的白粉，死掉的蚁尸仍留在那里。她觉得这家厂商做事太粗糙，大概没想到还会有人打开来看，所以直接盖上了事。明雪迅速采集了一些白色粉末，装进塑料袋里，离开前，她对惠

谁来"砷"冤

宁说:"你等我电话,再决定怎么处理。"

她快步跑到学校,早自习已经结束,她直接到办公室帮惠宁向班主任请假,并把事情的来龙去脉说了一遍。

班主任说:"第一堂课就是化学课,快上课了,你快去吧。砒霜是有毒的东西,一定要有老师在一旁指导才可以进行实验啊。"

明雪急忙赶到实验室,班上同学早已准备好开始做实验了。明雪气喘吁吁地冲进实验室,开口就要求老师教她化验砒霜的方法。

化学老师听完她的叙述之后,对全班同学说:"我们高中的实验室没有什么昂贵的仪器,不过我们倒是可以把十九世纪的一种老方法拿来使用一下,当时也没有什么精密的仪器可用。这种方法是由一位名叫马西的英国化学家发明的,所需药品及仪器很简单,使用现在桌上现成的器材就够了,你们想不想学?"

大家都说好,因为这种临时加进来的实验,总比课本上的实验精彩多了。

老师一边准备实验，一边说起故事："在1832年时，有一名罪犯名叫约翰·波多，因为涉嫌在祖父的咖啡里加入砷而被起诉。当时马西在皇家兵工厂任职，受检方征召，要检验证物是否含砷。马西采用旧的检验方法，把砷变成三硫化砷黄色沉淀，这种沉淀物俗名叫雄黄。马西检查结果，果然出现黄色沉淀，证明含砷，但是却无法长久保存，到了法庭上要呈给陪审团看时，黄色沉淀已经消失，变成了无色溶液。陪审团因为没看到黄色沉淀，不相信他的检验结果，波多被无罪释放。事后波多承认他的确谋杀了祖父，令马西既愤怒又挫折，决定研究出更好的检验方法。我现在就依照他发明的方法做给你们看。"

老师先在锥形瓶中置入锌和稀硫酸，立刻冒出气泡。

老师问："你们知道这是什么气体吗？"

全班同学大声回答："氢气。"

老师点头表示赞许，再把明雪采到的样本放进去，然后迅速用一个附有玻璃管的活塞盖住锥形瓶口，瓶底用酒精灯加热，请明雪用手搧玻璃管口的气体来闻。

谁来"砷"冤

明雪皱着眉头说："有大蒜味。"

老师点头说："这样就可以证明你的采样中含砷了，因为这是砒霜中的砷与氢气反应产生胂气，分子式是 AsH_3。"

接着老师用火点燃玻璃管口的气体，然后把瓷制蒸发皿的底部放在火焰上方，不久之后，白色蒸发皿上就出现少量银黑色的沉积。

老师说："胂气在空气中燃烧时，产生砷和水，这些沉积就是砷，不会轻易消失，比较能够说服陪审团。这个试验法称为马西试砷法，对侦测砷十分灵敏，可以测到0.02毫克的砷。"

老师虽然边解说边操作，但整个实验过程不到几分钟就完成了，同学们不禁鼓掌叫好。

明雪很高兴："有了这个方法之后，用砒霜下毒的歹徒应该很快就能查出来了。"

"没错，马西试砷法提出后，第一次在刑案侦办上大显身手是在1840年的法国拉法基案。拉法基是铸造厂的老板，但为人粗鲁，居所肮脏不堪，他疑似被妻子玛丽毒害。证据看来很齐全，拉法基吃了玛丽做的蛋糕后立即感到不舒服，医生误判为霍乱，并开了蛋酒作为药方。玛丽为了杀死家中的老鼠，曾到药店买砒霜。女仆也作证说，亲眼看见玛丽把白色粉末混入他吃的蛋酒里。经专家以正确方法进行马西试砷法的结果，发现在蛋酒及死者体内都含有砷，所以玛丽被判有罪，并判处终身监禁。这个案子争议颇多，曾写成小说，并拍成电影。自从马西试砷法证实有效之后，用砷作为毒药的谋杀案明显减少，因为坏人知道下毒的方法会被查出来，就不敢再用这个方法害人了。"

明雪很振奋，她觉得这就是人生努力的目标，不断想出破解犯罪的方法，使歹徒不敢再害人。

"好了，今天的演示实验结束，各组开始进行原定的实验课程。"老师大声宣布。

明雪急忙跑到实验室外，用手机打给惠宁："我们已经证明从你家采集的白蚁药是砒霜，不是厂商宣称的天然

谁来"砷"冤

无毒药剂。阿肥一定是不小心舔到白蚁药而中毒的，你现在可以把阿肥的遗体送请兽医院解剖，把它的胃液送去化验，一定可以验出有砷。"

惠宁听完之后，既惊恐又愤怒："可恶！厂商的不实宣传，让我们疏于防备，导致阿肥中毒而死。我要请我爸控告他们，求取赔偿。否则这种恶劣厂商继续营业下去，将来不知道会害死哪一家的小孩呢。"

三氧化砷（As₂O₃），俗称"砒霜"，因为没有气味，又容易与食物和饮料混合，是最常被使用的毒药之一，中毒症状也很容易与霍乱混淆。在马西发明试砷法之前，警方无法由中毒者身上追查此种毒药。

谢累最早在1775年想出检验砷的方法，他把砒霜加入很稀的酸后，再和锌混合，产生有大蒜味的肿气（AsH₃）。由反应式中可看出锌是还原剂，而砒霜是氧化剂。

$$As_2O_{3(s)} + 6Zn_{(s)} + 12H^+_{(aq)} \rightarrow 2AsH3_{(g)} + 6Zn^{2+}_{(aq)} + 3H_2O_{(l)}$$

马西改进了这个方法，利用肿气燃烧产生砷，在瓷碗

（蒸发皿是瓷制，形状像碗的实验器材）上产生沉积，而且还可以由沉积斑点大小推断砷的量。

砷还可以当木材防腐剂、杀虫剂，现代人还发现它可以治疗白血病。

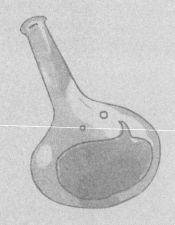

"蓝"腰撞上

　　妈妈的朋友庄阿姨预定今天要来家里做客，原本说好来吃中午饭的，妈妈也做了一桌丰盛的料理，预备要好好款待她。十二点十分门铃声响了，庄阿姨到了。她气喘吁吁地走上楼来，劈头第一句竟然是说："刚刚在路上出了车祸，幸好对方很爽快地认了错，没有耽搁很多时间。"

　　妈妈一听出车祸，急着问她："车祸严重吗？人有没有受伤？"

　　她说："不要紧，就是车子的保险杠被撞坏而已，我留下了对方的电话和住址，到时候修理费找他要就

"蓝"腰撞上

好了。"

爸爸见妈妈还想追问细节，急忙插嘴说："人没受伤就好，先吃饭吧！饭后再好好聊。你看明安的口水都快流出来了。"

明安有点不好意思地说："不能怪我呀！妈妈今天做了好多平时没吃过的菜，每一盘看起来都好好吃哦！"

妈妈说："庄阿姨才是烹饪高手呢！我的手艺哪能和她比，只好拿出看家本领，见笑了。"

庄阿姨笑着说："老同学了，还开我玩笑？今天是来聊天的，不是来为美食比赛评分的。"

众人边吃边聊，享受了温馨又美味的一餐。饭后泡了茶，大家在客厅聊天，妈妈又问起车祸的经过。

庄阿姨说："哎呀！最近不是有一条高架桥刚通车吗？我心里想，去走新路线看看，结果是缩短了一些路程，可是下引道时，却发现是个陌生的路段，一时之间也不知道是该直走还是右转，而且信号灯又开始由绿灯转为黄灯，我只好把车停下来。可是后面有一辆蓝色轿车冒冒失失从我右边车道超车，打算左转，他为了抢在信号灯变色之前通过，所以车速很快，又是急转弯，角度没控制好，他的车门就碰撞到我的保险杠了。"

妈妈说："好可怕。"

"是啊！"庄阿姨说，"我当时脑子一片空白，不知该怎么办。后来回过神来，赶紧打开车门，下车查看，结果发现我的保险杠断了，但是对方更惨，他的车门凹了一块。"

爸爸皱着眉问："你们当场打电话报警了吗？"

"没有啦，他说他的损失比我大，可是我说我的车子已经完全静止，是他撞我。他大概自知理亏，一直说他赶时间，要求不要报警，他愿意提供电话和住址，将来把修保险杠的账单寄给他，由他来付就好了，说完就噼里啪啦念了一长串。我赶紧跑回车上，把他说的电话和住址都记下来。记完之后，抬头一看，他早已把车开走。大概真的很赶时间。"

明雪急着问："阿姨，你抄下对方的车牌号了吗？"

"蓝"腰撞上

"没有呀，我下车查看时，他的车正好斜在我车子的右前方，没看到车牌，他又趁我低头写字时，把车开走，我从头到尾都没看到车牌。"

明安问："庄阿姨，那你知道他的车子是什么牌子，什么型号吗？"

庄阿姨笑着说："我知道你是汽车迷，一眼就能认出汽车的品牌和型号，我可没办法，除了自己开的那一款之外，其他的我都不熟悉。"

妈妈问："你车上有没有装行车记录仪？如果有的话，把电子文件调出来看，应该会拍到的。"

"哎呀，我没有那么新潮啦，我车上没装那些电子设备。"

爸爸终于说出大家心中的疑虑："你难道不怕他给你假的电话和住址吗？"

"不会吧！他念出这一连串电话和住址时，口气很顺，不像是捏造的。"

庄阿姨这时开始担心起来，于是拿起手机拨打抄下来的号码，几秒钟后她颓然地挂掉，说："唉，是空号。没想到真的被你们说中了。"

"电话是假的，至少还有住址，我看看！"爸爸接过庄阿姨手上的纸条，"这个住址离这里不远，我们陪你去看看。"

明雪和明安两个齐声要求："我们也要去。"

"好吧！那全都挤庄阿姨的车，刚刚好五个人。"

"等一下，我准备一下。"明雪突然往房里跑。

庄阿姨笑着说："明雪现在是大小姐了，出门要先打扮吗？"

妈妈说："别理她，我们先下楼。"

于是他们一起下楼，庄阿姨的车就停在路边的停车场，车子的右前方保险杠果然被撞坏了，有个很大的裂缝。

这时明雪已经跟上，她蹲在保险杠前仔细观察："嗯，这里沾上了一点蓝色的碎屑，应该是对方车子的漆。"说着她拿出一支棉花棒在上面摩擦了几下，然后放入一个干

"蓝"腰撞上

净的塑料袋里。

庄阿姨惊讶地说："啊？原来你刚才是去准备这些采证的器材呀！我还以为你是在打扮呢！"

明雪笑着说："才不是呢，这些采证的方法是鉴识专家张倩阿姨教我的。她说任何两样物体只要有接触，就一定会交换微细的证物。庄阿姨刚才没有立即报警，我现在如果没有立即取证，在风吹日晒之下，这些宝贵的证物可能就会消失，所以我要赶紧取证。"

妈妈苦笑着向阿姨解释他们家这两个孩子都对侦探工作很有兴趣。

庄阿姨以鼓励的语气说："很好呀！看看能不能帮阿姨找出肇事逃逸的人。"

他们找到纸条上的住址，是一栋大厦。他们走到管理室向值班的保安说明事发经过，想找住这栋大厦开蓝色轿车的人。

保安摊开地下停车场的登记簿，说："没有，目前本大厦住户没有一位开蓝色轿车。"

虽然早有预感，既然电话号码是假的，住址应该也不会是真的。但跑了一趟却毫无所获，五个人只能垂头丧气地离开大厦。反而是庄阿姨笑着安慰大家说："又不是什么大不了的事，只是损失了保险杠，算我粗心，当初没记车牌号，自认倒霉好了。"

爸爸说："花钱事小，可是这种肇事逃逸的人如果得逞，他将来可能还是会如法炮制，只是不知道下次谁会是受害者。我觉得你不要放弃，应该到案发地点向警局报案，说不定路口监控会拍到案发经过的。"

明雪向爸妈说："你们陪庄阿姨去好了，我要把这支棉花棒送到张倩阿姨那里，请她化验，看看能不能找出有用的线索。"

庄阿姨说："不用陪了，我自己去报案就好。两个小侦探如果有消息再通知我。"

"蓝"腰撞上

张倩听完明雪的描述后，接过塑料袋，仔细观察了里面的棉花棒后说："我可以帮你进行光谱分析，但是只能知道漆里面的成分，不一定能帮你们找到车子的主人。"

明雪深深一鞠躬："感谢阿姨帮忙，有结果请通知我。"

姐弟两人回到家时，庄阿姨已打过电话向妈妈描述了报案的经过。当地警察虽然受理报案，但是表明该高架路段才刚通车，还没有装路口监视器，加上电话和住址都是假的，想找到肇事的人，可能不太容易。

这时明雪的手机响起，是张倩打来的："你送来的漆已经化验出来了。"

明雪吓了一跳："这么快？"

"现在的光谱仪，只要几分钟就可以完成分析了。"张倩说。

"结果如何？"

"里面的蓝色物质主要是普鲁士蓝，从汽车的漆里，只能获得这些信息了。"

明雪虽然有点失望，但仍然没有忘记礼貌："谢谢阿姨。"

结束通话后，明安立即追问分析结果，但是他对明雪所说的名词完全听不懂："什么叫普鲁士蓝啊？"

明雪努力想对他解释其中的化学成分，但明安愈听愈不懂。爸爸在旁边看了，觉得好笑，插嘴说："你告诉他化学式做什么？明安，那是一种常见的蓝色色素，可以用在油漆、水彩中，也可以制成靛青漂白剂。"

"什么是靛青漂白剂？"

"这个我知道，衣服穿久了会变黄，给人一种肮脏的感觉。但如果在漂白剂里加一点蓝色的色素，就可以吸收可见光的黄色光，让衣服不再呈现黄色，看起来比较洁白。"明雪说，"可惜，这些对破案都没有帮助。"

一听没什么线索，明安便失去了兴趣，返回房间打开

"蓝"腰撞上

电脑。明雪也意兴阑珊地回到房间里准备写作业。

不久之后，明安却兴冲冲地跑来找她："姐，案情说不定能突破哦！我刚刚上网查了，使用普鲁士蓝作为烤漆的汽车，只有三种厂牌中的五种车型。"

"是吗？那范围就缩小很多了。"明雪也大感振奋。

"我在网络上找到这些车款的彩色照片，我们传给庄阿姨指认到底是哪一种车型撞到她的车。"

于是经由妈妈联络，把五种车型的彩色照片传到了庄阿姨的手机里，阿姨很快就认出是 K 牌 1996 年出厂的车撞到的。

"现在已经知道车子的厂牌和款式了，接下来呢？"明安问。

明雪沉思了一会儿说："我们还是回到那一栋大厦问问看。"

"可是保安已经说他们的住户没有人开蓝色的车了。"明安不以为然。

明雪说："因为阿姨说，那个人噼里啪啦一口气就能说出那个地址，可见他应该和那个地方有关系，只不过不是现在的住户而已。现在我们已经找出了车子的品牌和型号，说不定能让保安想起什么吧。"

"好吧，只好死马当作活马医了。"明安无奈地说。

于是两人又再度回到那栋大厦，保安显然有点不耐烦："你们怎么又来了，我不是告诉过你们，我们的住户没有人开蓝色轿车吗？"

明雪耐心地拿出庄阿姨指认的车型照片，说："对不起，请您再想想看，有没有经常出入这栋大厦的人开这一类型的车？"

保安仔细地看了照片后，好像想起了什么，说："这种车啊，我好像有印象，你们等我一下。"

他说着从铁柜里拿出一摞资料，仔细翻阅后，指着其中一处说："有了，曾有一位住户，在这里租过房子，他叫张建润，就开这一型号的车，当时也停在我们的地下停车场，车牌号码还记录在这里。因为他经常在喝酒之后与其他住户发生冲突，搞得小区鸡犬不宁，最后我们只好拜

"蓝"腰撞上

托房东不要和他续约，大约半年前才把他赶走的。当时他搬走时，还扬言要报复我们，所以我还有印象。这种人到处惹祸，真该让他接受惩罚。"

明雪和明安抄下姓名和车牌号码后，急忙用手机通知庄阿姨："阿姨，肇事者的姓名和车牌号码，我们都查出来了，您赶紧到原来报案的派出所去，把新查出来的资料告诉他们。"

姐弟两人回到家中时，妈妈已经知道他们破案的消息，高兴地说："庄阿姨打电话来，对你们这两位小侦探称赞不已。她说，警察按照她提供的数据输入计算机里面一查，不但查出张建润现在的住址，也发现原来这个人有多次酒醉驾车的记录，他们怀疑他今天是不是也因酒醉驾车，才会撞到庄阿姨的车。警察现在已经赶过去，想测他的酒精浓度，虽然隔了好几个小时，不一定能测出来，不过庄阿姨的车祸损失绝对不会找不到人赔了。"

明安听到被阿姨称赞是小侦探，十分高兴，说："看看吧，我平时研究汽车品牌和型号，你们都骂我无聊，现在知道有用了吧！"

明雪点点头，肯定弟弟的表现："是，不错，这次连我都放弃希望了，没想到弟弟从漆的成分就能找出肇事车的车型。侦探工作真是不能忽略任何蛛丝马迹所提供的线索啊！"

"蓝"腰撞上

科学小百科

　　普鲁士蓝是一种深蓝色的色素，化学式为 $Fe_4[Fe(CN)_6]_3$。普鲁士蓝是人类使用最早的合成色素之一，本身难溶于水，常用于油漆中。早期工程师为了制造机器、建造房屋，会把设计图晒制成一种蓝色的图，称为"蓝图"。蓝图也是利用普鲁士蓝作为蓝色的色素。现在印刷技术发达，几乎已经没有人使用蓝图了，但是这个名词仍然流传了下来，成为未来计划的代名词。

　　普鲁士蓝的另一个日常用途是作为漂白剂的添加物。因为衣服洗久了会变黄，显示衣服反射的光中，黄色光偏多。而普鲁士蓝是蓝色的色素，表示它会吸收蓝色以外的光，它的最大吸收高峰落在红橙色的光（波长680 nm），可以减少反射光中的黄色部分，使白衣服恢复雪白，彩色的衣服恢复鲜艳。

目瞪神呆

爸爸近来经常抱怨飞蚊症愈来愈严重，眼前经常有黑点飞舞，最近那些黑点更恶化成黑色线条。好不容易等到寒假，终于有空了，爸爸预约到大医院做了个彻底的检查。明雪要到学校上辅导课，而明安正好有空，便自告奋勇陪爸爸去。

医生听完爸爸描述的症状之后说："做个眼底检查好了。我现在帮你点散瞳剂，然后你到外面等半小时，时间一到，护士小姐会请你进来。"

医生说完便拿了一瓶眼药水，帮爸爸的两眼都点了药，请爸爸压住两眼的内眼角，到诊疗室外面的椅子上闭

目瞪神呆

目休息。

明安好奇地问爸爸："散瞳剂？好熟悉的名词呀！记得小时候，我有近视倾向时，眼科医生也是教我点散瞳剂，为什么你现在检查眼睛也点散瞳剂？"

爸爸坐在诊疗室的塑料椅上，两眼紧闭，回答他道："你小时候，医生开散瞳剂的目的，是要让睫状肌放松，减缓近视度数增加。而我现在点散瞳剂是为了让瞳孔放大，方便医生检查眼底玻璃状体及视网膜是否有病变。"

明安颇感兴趣："喔！一种药剂竟然有两种不同的用途啊。"

反正闭着眼睛，什么事也不能做，爸爸干脆针对这个话题聊起来："还不只如此呢！在文艺复兴时代，当时的交际花为了让她们的眼睛看起来比较大，故意用一种名为颠茄的植物，取它的汁液，滴入眼中，使她们的瞳孔放大，颠茄的学名中有个字叫"belladonna"，这个字拆开来，bella donna 在意大利文中就是'美女'的意思，那是人类最早应用散瞳剂的记载。到今天，我们仍然由颠茄中提取出一种名为颠茄碱的物质作为散瞳剂，颠茄碱又称为阿托品。"

明安惊讶地问："什么？为了漂亮而点散瞳剂？爸爸，你不是常常对我们说，药物和毒物只是一线之隔吗？这样随便用药，对身体健康不会造成影响吗？"

"你问到重点了。"爸爸说，"颠茄可说是毒性最强的植物之一，整株植物都含有莨菪烷生物碱，阿托品就属其中一种。阿托品是抗胆碱剂的一种，会阻断神经系统中乙酰胆碱的作用。古代的罗马人就把颠茄当成毒药，或用它制成毒箭。传说中罗马皇帝屋大维就是被他的妻子用颠茄毒死的，只是未获证实……"

爸爸谈得正高兴时，护士小姐由诊疗室里探出头来说："陈先生，可以进来做眼底检查了。"

经过详细检查之后，医生告诉爸爸，没有什么大碍，只是老化现象，但是眼压有点高，需要长期点降眼压的药水。

由于散瞳剂的药效仍在，爸爸的视力模糊，又畏光，

目瞪神呆

明安便搀扶着他，慢步走出医院。

这时，一辆救护车鸣着警笛，快速驶向医院。

急诊室门口早已站了一名护士在等候，救护车开进来后，驾驶座跳下一名救护员，急急忙忙绕到车后掀开后车门，只见另一名救护员坐在车中，正在对一名老先生进行急救。驾车的救护员对着护士大喊："快点接手，我们还要回头救另一个人，地点很偏远，必须争取时间。"

护士很惊讶："什么？还有另一个人？"

"我们一开始也不知道，本来是太太拨的求救电话，说他先生用餐后不到一小时，突然扑倒在地。我们急急忙忙出动救护车，哪知到了报案地址，发现太太也陷入昏迷。我们只好先把先生送来，现在要赶忙回头救那位老太太。"

护士问："知道是什么原因造成两人昏迷的吗？"

救护员一边把病人抬下车，一边回答："不知道，像这样一家人同时昏倒，通常是一氧化碳中毒，但是他们煮稀饭的炉火已经熄灭，大门也是打开的，不像是一氧化碳中毒。"

救护员把病人移到医院的推床之后，护士在救护员的文件上签字，就把病人推入急诊室，两名救护员则急急忙忙又启动鸣笛，把车开进拥挤的街道上，急驶而去。

明安很好奇，问："夫妻两人同时昏迷，又不是一氧化碳中毒，那会是什么原因呢？"

爸爸知道这件事又引起他这名小侦探的兴趣了，笑着说："你先陪我回家，再打电话去问李雄叔叔吧！"

明安回到家后，立刻打电话给李雄。

李雄说："夫妻俩都已送达医院，由于两人先后昏迷，症状又相同，在排除一氧化碳中毒的可能性之后，医院怀疑有人对他们下毒，已经通报这个案件，我正要到案发地址调查，你若有空，也来协助调查吧，你的观察力一向很敏锐。"

有了参与办案的机会，明安怎会放过？他放下电话就让爸爸把他送到李雄告诉他的地点。那是位于温泉区的一处村舍，屋子四周有许多美丽的喇叭状白花。大门开着，

目瞪神呆

李雄正在屋内。

明安走进去叫了声叔叔，李雄点点头，递给他一双橡胶手套："你看，这种乡下房子，通风很好，而且炉火是熄灭的，不可能是一氧化碳中毒。"

明安戴上手套，大致观察了一下房子的结构，同意李雄的看法。这种乡下老房子，是用木板钉成的，木板之间缝隙很多，所以过去人们就算在屋内烧煤炭或柴火，也不怕一氧化碳中毒。现在的房子因为采用密不通风的水泥当建材，所以关起门窗烧煤炉，就会有中毒的危险。

明安想起这对夫妇是在用餐之后昏迷的，便注意观

察他们的餐桌，发现有两副碗筷，碗中仍有稀饭的残渣，显然刚吃过稀饭，还来不及清理桌面，人就不舒服了。接着他又进入厨房，发现用来烧饭的炉子是传统的

大灶，灶底下没有火，炉子是冷的，炉火早就已经熄灭了。他掀开灶上的饭锅，锅底也仍留有未吃完的稀饭。

李雄在一旁说："不知道是不是这一锅稀饭被人下了毒，我已经取了一点粥，准备带回去让鉴识科的张倩化验。"

明安有点气馁，这一趟来，好像没有帮上忙。无奈之余，他抱着最后一丝希望去翻看灶旁的垃圾桶，发现一些黄色扁平状半圆形颗粒，表面湿湿的，有些还和煮熟的米粒黏在一起。他突然想起，他在灶台的饭锅旁，似乎看到同样的颗粒，他回到灶前取了一粒，靠近一看，觉得很像植物的种子。为什么这些植物的种子有些在灶上，有些在垃圾桶，在垃圾桶里的有些还黏了米粒？

明安反复思索了数分钟之后，突然恍然大悟，跑到屋外，仔细观察那些白花，发现枝条上有些绿色圆球形蒴果，上面有棘刺。明安发现有几颗蒴果，颜色偏褐色，而且已经裂开，他便摘下一颗剥开来看，果然蒴果的种子和灶上找到的颗粒一模一样。

目瞪神呆

他精神大振，立刻用手机对着那些白花、蒴果及种子拍了数张照片，然后拨打了自然老师的电话。

"老师，我传几张植物的照片给你，请你告诉我那是什么植物好吗？"

"好啊！你利用假期研究植物啊？很难得哟！"

自然老师是植物专家，经常教他们认识校园里的植物，希望他能认出这种花是什么植物。

几分钟之后，老师回电话了："你拍到的是大花曼陀罗。"

啊，糟了，明安对植物一窍不通，本来以为只要老师提供答案，就可以真相大白的，没想到自己对这种植物毫无概念，老师所提供的答案，似乎对破案毫无帮助。

幸好手机有上网功能，他就把"大花曼陀罗"键入搜索引擎里，想不到跳出来许多相关的网页，他挑了其中一个网站连上去。

大花曼陀罗，茄科……中国民间小说《七侠五义》中的"迷魂药"与《水浒传》里的蒙汗药均为曼陀罗，但是现在科学家已经知道，它含有毒的生物碱莨菪（阿托品），如果误食……将造成口干舌燥、吞咽困难、兴奋、产生幻觉、昏昏欲睡、体温升高、肌肉麻痹、呼吸系统麻痹等症状……大花曼陀罗虽然有毒，但只要控制好用量，其茎叶也可当作减轻痛苦的麻醉剂及止痛药。

哗！真相大白！原来大花曼陀罗与颠茄同属茄科植物，都含有与阿托品同类的有毒物质。

明安急忙把他的发现告诉李雄："我猜，这对夫妇在煮稀饭时，不知为何，加入了大花曼陀罗的种子，后来可能觉得不妥，又将煮好的种子捞出，弃置于垃圾桶中，然后把稀饭吃下，但是为时已晚。因为在熬稀饭的过程中，有毒的汁液已渗入稀饭中，所以夫妇两人在用完餐后，陆续中毒昏迷。"

李雄觉得这段推理与现场所见痕迹十分吻合，便立即拨电话给医院，告知病人可能误食大花曼陀罗的汁液，希望医生能对症下药。同时他也采集了灶上及垃圾桶中的种子作为证物。

目瞪神呆

第二天早上，明雪不用上学，在客厅听弟弟眉飞色舞地谈起独力破案的经历，对于自己因为要到学校上课，未能参与办案十分遗憾。不过对于破案关键的阿托品，她倒有些认识。

她告诉弟弟说："谋杀女王阿加莎·克里丝蒂，曾于第一次世界大战期间，在医院担任药剂师，从中学习各类毒药的专业知识，并萌生撰写推理小说的构想。所以她写的侦探小说中运用了许多药物学的知识，例如《13个难题》中就有使用阿托品杀人的故事。一个疯狂的老人因为偷听到儿子要把他送到精神病院，竟然就把自己的眼药水加到儿子喝水的杯子里，把儿子毒死。"

明安抢着说："我知道了，他用的眼药水一定含有散瞳剂。"

"答对了！"明雪不得不称赞弟弟，"以前你都是靠着敏锐的观察力协助破案，这次你又结合了细腻的推理，再加上知识愈来愈丰富，将来一定会成为大侦探的。"

这时门铃响了，原来是李雄带了一对老夫妇前来拜访，明安认出老先生就是昨天被救护车送到急诊室的那位。

李雄说："恭喜小侦探立了大功！张倩检验了残余的稀饭，果然含有高剂量的阿托品，完全符合明安的推断。今天他们是专程来向明安致谢的。"

等李雄和老夫妇坐定之后，明安问："请问你们为什么会把大花曼陀罗的种子加入稀饭呢？"

老先生说："那些种子是我采集的，放在灶旁干燥，打算明年播种的。"

老太太尴尬地说："是我不好，我看到灶上有种子，以为是我先生买回来要作为调味料用的，就洒了一些进去熬粥。后来因为我先生发现粥里有种子，知道我弄错了，就叫我把种子捞出来。"

老先生说："我们以为只要把种子捞出来就没事了，谁知道吃完稀饭没多久，两个人都觉得不舒服，接着我就倒下了。"

老夫妇又再次道谢："幸好小朋友能找出我们中毒的

目瞪神呆

原因，医生才能迅速治愈我们。"

明安谦虚地说："还是医生比较厉害，一听到我们找出病人中的毒是阿托品之后，就能找出解药，这些药物学知识我就不懂。"

明雪笑着说："其实在刚才我提到的那本侦探小说《13个难题》中，就可以找到阿托品的解药哦！用来治疗青光眼或高眼压的眼药水中，可能就含有一种名叫毛果芸香碱的成分，它正好就是阿托品的解药啊！"

明安听得目瞪口呆："你是说，一种眼药的毒性可以用另一种眼药破解？"

"没错！毛果芸香碱本身也是一种毒药，但它和阿托品的作用正好可以互相破解，古人说的'以毒攻毒'，一点儿都没错。"

明安振奋地说："药物学好有趣，我以后要多多学习这方面的知识。"

坐在一旁的三名大人不禁说："这么一来，你的推理能力一定会更加增强，将来必定能成为大侦探。"

科学小百科

　　许多救人的药剂本身都是由毒药制成的。例如本文中提到的阿托品，本身有毒，会使人心跳过快、头昏、恶心、视力模糊、失去平衡、瞳孔放大、畏光、口干舌燥，严重时会昏迷，用量过多时，甚至会死亡。但若善加利用，则可以作为眼科用的散瞳剂及治疗弱视，或在内科治疗心跳过慢，抑制唾液分泌。

　　毛果芸香碱本身也有毒，会造成瞳孔缩小、过度出汗、唾液过多、心搏舒缓及腹泻。但若善加利用，则可以治疗青光眼或口干症。

　　你发现了吗？这两种毒药的作用恰好相反，所以可以互相破解对方的毒性，成为以毒攻毒的最佳实例。

目瞪神呆

冻解冰释

农历年刚过，叔叔一家人要回台湾度假，会到家里来住几天，大家自然是高兴得不得了。

今天下午爸爸到机场接了叔叔全家回来，大伙见了面，热情地拥抱谈笑。堂弟明伦长高不少，快上小学了。

晚饭后，婶婶催明伦快点去洗澡，才能赶快睡觉。

明伦乖乖拿着换洗的衣服就要走进浴室，却突然问："我的无敌铁金刚呢？"

"什么？"明雪和明安都一头雾水，不懂洗澡为什么要找铁金刚。

婶婶却笑着说："有，带回台湾了，我就知道你洗澡

冻解冰释

一定会找铁金刚。我现在就去拿给你，你先进去泡澡。"接着走进房间，从大行李箱里找出一个塑料玩偶。

婶婶把塑料玩偶交给明安看："瞧，这就是他的无敌铁金刚。"

原来是个机器人造型的玩偶，头戴银色盔甲，身穿黑色紧身衣，脚上穿着蓝色长靴，胸前有个紫色的 V 字形，十分威武。

婶婶把无敌铁金刚送进浴室交给明伦后摇摇头，笑着说："这是他从小养成的习惯，每次洗澡都要和无敌铁金刚一起泡热水。"

过了二十分钟，明伦浑身泡得红通通的从浴室走出来，手里还紧紧抓着无敌铁金刚。

明安取笑他说："洗好了啊？无敌铁金刚有没有一起洗干净啊？"

明伦也不以为意，把无敌铁金刚递给明安看："当然，你看！"

明安接过来一看，发现一件怪事，无敌铁金刚胸前那个紫色的 V 字已经变成蓝色了。他怀疑自己记错了，便转头看了姐姐一眼。

明雪也发现了："哦！胸前这个 V 字形图案变色了。"

婶婶笑着说："对啊，那个图案只要泡到热水，就会变蓝色；等一下冷却以后，又会变回紫色。所以他才那么喜欢带着无敌铁金刚一起泡热水澡，他对这个颜色变化的现象很感兴趣，还一直说，回台湾后要问姐姐，看看那是什么东西做的。"

明伦果真仰着头等待明雪姐姐的解说。

但明雪挠挠头，显得不怎么有把握："遇热变蓝色，难道是氯化亚钴吗？据我所知氯化亚钴在低温时会含有结晶水，呈红色；一旦遇到高温，就会失去结晶水而呈蓝色。不过是红蓝之间的变化，而不是紫蓝之间的变化，好像不太符合。"

明伦听姐姐自言自语地说了一些化学药品的名称，摇摇头说："听不懂，算了，我要去睡了。"

明伦虽然不再追问，但明雪自己却感到很困惑，她决

冻解冰释

定去问爸爸，就说："明伦，你睡觉不用抱着无敌铁金刚吧？可以借我用一下吗？"

明伦摇摇头说："不用，铁金刚睡觉时又不会变色。"

说完明伦就进房去睡觉了，明雪则拿着玩偶到客厅去找爸爸。

爸爸正在和叔叔聊天，听完明雪的叙述后，把玩偶接过去仔细端详了好几分钟，这时 V 字形图案因为冷却又变回了紫色。

明安说："我去拿一杯热水和一杯冷水，让你看看怎么变色的。"

爸爸笑着说："是你自己想玩吧？我看这未必是氯化亚钴，这一类会因温度而改变颜色的物质通称为'热变色着色剂'，种类繁多，包含有机化合物、无机化合物，还有液晶，不但颜色变化各不相同，

变色温度也不相同。无敌铁金刚这个 V 字，说不定底色是蓝色，再加上红色的着色剂，所以会呈现紫色。在高温时，红色的着色剂渐渐变成无色，所以 V 字形就呈现底色的蓝。"

明安果然拿来了一杯热水和一杯冷水，把玩偶放热水一下，再放冷水一下，观察 V 字的颜色变化，玩得不亦乐乎！明雪不屑地哼了一声："哼，幼稚！"便转过头去，继续请教爸爸："爸，你说这些热变色着色剂除了制造玩具以外，还有没有别的用途呢？"

"有啊！"爸爸反问道，"你还记得流行感冒严重时期，每天都要量体温吗？后来量得次数多烦了，有些人就干脆买了量体温用的贴纸来贴在额头上，这样一旦发烧，贴纸就会变色，方便多了。"

明雪恍然大悟："哦，原来那就是热变色着色剂制成的啊！"

叔叔一家在台湾停留了一星期，又匆匆赶回美国去

冻解冰释

了。明雪的日子恢复正常，第一次月考随即到来，经过几天忙碌的准备与应考后，发考卷的日子到了。

今天第一节是数学课，也是许多同学担心害怕的科目。老师一走进教室，大家就发现他的脸色铁青，一定是大家考得不好吧，全班同学吓得噤若寒蝉，不敢作声。

老师发完考卷后，就把全班同学臭骂一顿："有些同学是不会写，有些同学会写，却又粗心大意，漏掉重要的符号或数字，东扣西扣，难怪分数惨不忍睹。"

明雪虽然勉强及格，但自知这样的成绩很不理想，所以专心听老师讲解。老师一题一题详细讲解之余，不忘纠正同学们的错误，尤其是非选择题，因为是老师亲自批改，而非计算机阅卷，所以老师对同学们所犯的重大错误都还有印象。

"像这一题，明雪竟然把正弦函数写成余弦函数，太离谱了！"

明雪只能惭愧地点点头，表示认错，并急忙用红笔把正确答案改正在考卷上。

讲到非选择题最后一题时，韵惠突然举手说："老师，这一题我明明写对了，您改错了。"

老师愣了一下："拿来我看看！"

韵惠把考卷拿到讲台前交给老师，老师盯着考卷看了一阵子："不可能呀！我在 a 之前用红笔画了一个圈，表示你在 a 之前多写了一个数，怎么现在变空白了？"

韵惠却坚持说："我写的答案本来就是 $c=a-b$，a 前面没有数字啊，您却扣我分数，害我从60分变成58分。"

老师认为他用红笔画了圈的地方就是多出了一个错误的数，那是他改考卷一向的习惯，可见当初 a 之前一定有一个错误的数。但是韵惠也坚持自己本来就写对了，a 前面并没有数字。老师厉声问："你有没有涂改过这个地方？"

"没有，我书包里并没有橡皮擦，而且如果用橡皮擦要把圆珠笔的笔迹擦掉的话，根本擦不下来，硬要擦掉，考卷会擦破的。"韵惠脸不红气不喘地回答。

老师又盯着考卷看，并没有发现破洞或明显起毛的现

冻解冰释

象。这时下课铃声响起，老师只好拿着考卷，对韵惠说："你跟着我到办公室来一趟。"

老师和韵惠离开教室后，同学们都针对这件事议论纷纷。惠宁小声说："其实在考前几天，我看见韵惠买了一支魔术笔，不知道是不是和这件事有关？"

"什么叫魔术笔？"明雪不懂。

奇铮嘲笑她说："哎呀，你太落伍啦！这种魔术笔写字时，和普通的圆珠笔没什么两样。只是如果写错了，只要用笔末端的塑料摩擦，就可以使笔迹消失，正因为如此，所以通常会注明不适用于考试及签署任何文件。"

雅薇苦笑着说："除非是别有用心的人。"

惠宁从书包中拿出一支笔，说："我看韵惠在玩，觉得有趣，我也去买了一支。"

明雪接过笔，在白纸上画了一条线，再用笔末端的塑料摩擦，果然笔迹很快就消失了，而且纸面光滑，并没有留下磨损的痕迹。她又用普通橡皮擦用力擦拭，发现墨水的颜色变淡，但并无法使笔迹消失。接着她用一般的圆珠笔在旁边再画一条线，这次不论用魔术笔末端或普通橡皮擦都擦不掉了。

明雪想了一会儿，说了声："对不起，我去办公室一下。"说完拔腿就跑，留下惠宁等人错愕地望着她奔跑的背影，不知道她葫芦里卖的是什么药。

明雪气喘吁吁地跑进办公室，发现里面并没有其他老师，只有数学老师和韵惠两人，而且针对有没有涂改答案，仍然争论不休。

明雪喘着气对老师报告说："老师，我有几句话要私底下对韵惠说一下，请你把考卷和冰箱也借我用一下。"

数学老师怀疑地问："你究竟要做什么？"

明雪说："老师，请相信我，我想解开这个僵局。"

老师无奈地点点头。

得到老师的同意后，明雪把韵惠的考卷放进冰箱的冷冻层里，并把韵惠拉到办公室外。韵惠显得很不高兴："你为什么把我的考卷放进冰箱？"

明雪低声对她说："说老实话，你是不是用魔术笔写

冻解冰释

考卷的？"

韵惠愣了一下，但仍坚持说："胡说！你有什么证据？"

明雪连劝了好几分钟，见韵惠死不认错，只好走进办公室，把考卷从冷冻层里取出来，交给韵惠说："你自己看看。"

老师用红笔圈起来的地方，原本是空白的，现在却浮现出一个淡淡的"2"。

韵惠慌了手脚："为什么会这样？"

明雪说："一开始我当然是猜的啦！我听惠宁说，你在考前买了魔术笔。我刚刚试了一下，觉得魔术笔的墨水是热变色着色剂。当我们用塑料摩擦时，因摩擦生热，使得墨水颜色消失。因为你不肯承认，我只好利用冰箱冷冻层的低温让笔迹重新浮现。嗯……如果你有兴趣的话，也可以用电熨斗或吹风机加热一下整张考卷，让笔迹全部消失，看看应该打几分？"

韵惠脸上一阵青一阵白，喃喃地说："明雪，你别害我了……"

"那你就快点认错啊！"这时耳边突然响起低沉的男声，把两人吓了一跳，回头一看，原来是化学老师。

"你们忘了第二节是化学课了吗？我到教室要发考卷，发现你们两人都不在，追问之下，同学们才告诉我数学课发生的事。我正要来帮数学老师的忙，没想到恰巧听到你们的对话。没错，魔术笔中的墨水就是热变色着色剂，在65℃以上会变无色，在 −20℃时又会变回原来的颜色。韵惠，你还是自己向数学老师认错吧！否则除了这张考卷算0分之外，依照校规恐怕还得记过处分。"

韵惠这才痛哭失声："我因为不小心多写了一个2，就从及格变成了不及格，一时着急，才会涂改答案的。"

化学老师进一步追问："你不是一开始就居心不良？那怎么会选用魔术笔作答？"

韵惠摇头哭着说："不是，我用魔术笔作答只是为了答题过程修改答案比较方便而已。"

韵惠终于鼓起勇气向数学老师认错，老师也从宽发落，只把她这张考卷依零分计算，当作小小的惩罚而已，

冻解冰释

并没有送教务处记过。

在回教室的路上，明雪问韵惠："你会怪我吗？"

韵惠摇摇头："不会，是我自己一时糊涂，做了错事。就算你不说，化学老师也会揭穿我的，这件事让我学到一个教训：若要人不知，除非己莫为。"

　　某些物质会因为温度改变而造成颜色改变，这种现象称为热变色。热变色现象在日常生活中的用途很多，例如婴儿奶瓶的外壁若能涂上热变色着色剂，就可以知道会不会太烫，妈妈可以等瓶子呈现低温颜色时再喂食，婴儿就不会烫伤了。

　　最常见的两种热变色着色剂是液晶和白色素。

　　液晶的变色温度精准，但其变色选择性不多。液晶就是介于液体与晶体之间的状态，高温时它的分子排列像液体一样混乱，在低温时，又会变得像晶体一样整齐。温度不同，造成液晶分子排列情形及分子间距离不同，对特定波长的反射情形也不同，就会呈现不同的颜色。热变色液

冻解冰释

晶可应用于心情戒指、电池测电条及体温贴纸等。液晶的热变色属于物理变化。

白色素就是以两种形式存在的化合物，其中一种形式是无色，另一种形式是有色（化学所说有色通常指彩色）。白色素的变色范围不精准，但有很多种颜色变化可供选择。热变色着色剂往往是由白色素与显色剂混合而成的，两者之间用胶囊隔开。当受热时，胶囊破裂，白色素与显色剂反应，使白色素改变颜色。白色素的热变色属于化学变化。

我喜欢看侦探故事书，但是对化学还不太懂，看到《学化学来破案》这本书，先翻了几页，就被吸引住了。原来并不需要学习多高深的化学知识就能看得懂，从有趣的生活故事中就能学到这么多的化学知识，真是太好了，我以后再也不怕学化学了。其中有个故事叫《当局者"醚"太吸引我了，因为我也很想解剖青蛙，所以我就想看看他们是怎么做的。原来他们是先用麻醉药——乙醚，让青蛙昏迷，这样可以使青蛙不疼。另外，乙醚还可以麻醉人。书中的高中生因为了解这个知识，还帮警察抓住了装神弄鬼的坏人，真是太神奇了。我也想有这样的化学老师，也想好好学习化学。

还有个故事叫《焰色反应》，我知道了某些金属离子在燃烧时会出现不同颜色，这就是焰色反应，原来五颜六色的烟花就是根据焰色反应的原理做成的。我还很喜欢书中的主人公，能用化学知识破案，太神奇了。所以如果长大以后想当侦探，一定要先学好化学哦！

河南省巩义市子美外国语小学四年级　康凌璧

《学化学来破案》这套书让我发现，原来化学一点儿也不难，生活中的许多现象都是化学，让我从这些有趣的侦探故事中初步认识并爱上了化学课。这套书里的每一个人物都性格分明，有自己的特点，每一个故事都那么引人入胜，让人身临其境。这些故事中，最让我印象深刻的是《酒不醉人》，通过描写明雪如何品尝红酒，引出"神秘果"，最后与醉酒撞车案相联系而破案。总而言之，机智勇敢的明雪，聪明却懵懂的明安，负责任的李雄警官，都是我学习的榜样，相信我以后一定会学好化学课的。

湖南省长沙市岳麓区实验小学五年级　向珂

化学是什么？它一直给我一种很神秘、很厉害、很难懂的感觉。小时候，我也曾经跟着兴趣班的老师做过跟化学有关的实验。教室前面的大台子上摆着大大小小的瓶瓶罐罐，老师说它们叫试管和烧杯，还有一些叫酒精灯和坩埚。老师像变魔术一样，把这里面的水加到那个里面去，或者再往那个里面加一些粉末，然后瓶子里面发生了奇妙的变化，或者颜色变了，或者连续不停地往外喷泡沫。好有趣啊！好神奇啊！好厉害啊！但是它跟我有什么关系呢？化学就像隔离在我的生活之外的东西一样，很神秘，让人不明就里，而且离我很远，仿佛很难。

但是，《学化学来破案》让我改变了对化学的看法。原来，我们生活在一个充满化学的世界，生活中化学无处不在，吃的、穿的、用的、玩的，都离不开化学。热敏纸打印出文字的原理，如何让铁皮上磨掉的字迹重新显现，警察又是怎样鉴定遗嘱的真伪，这些有意思的故事都是化学知识，这些可能被讲得很深奥的化学知识都变成了故事。一个个描写生动、扣人心弦的故事就这样不动声色地把化学介绍给了我。这本书为我打开了一个崭新而且奇妙的世界，它等着我去探索。我今年刚刚上初一，化学是初三才开设的课程，好期待啊！

北京市海淀区教师进修学校附属实验学校初中一年级　陈信雅

　　我是一名初二学生，还没有正式学化学，所以当妈妈给我拿来这本书的时候还满心抱怨。但是因为平时喜欢侦探类的小说，周末忙里偷闲试着翻了翻竟然一口气读完了。开始我只是沉浸在故事本身，情节跌宕起伏，有时在我认为结局已定的时候故事又来个峰回路转。当然不管犯罪分子如何充满心机，最终都没能逃脱郑雪的慧眼，落入法网。但后来我读到《黑心漂白》，想到家里妈妈有时也用漂白剂，新奇之下仔细阅读了"科学小百科"部分，惊喜地发现故事里原来暗藏着这么多科学道理，并且和生活关系如此密切。之后我还很郑重地提醒妈妈千万不要把漂白剂和其他清洁剂混在一起使用，俨然一个小管家的样子。另外我不得不说"科学小百科"哪里只有化学知识，像酒精检测、血液检测明明还渗透着生物和物理小知识勒！

北京市上地实验学校初中二年级　卓明昊

　　我一口气看完了《学化学来破案》，对于我这个已经学过化学的初三学生来说还是受益匪浅的。书中有很多关于化学破案的知识，有些是我学过的，比如《口水之战》，知道二氧化碳可让淀粉溶液变混浊。但是却不知道，原来一点点口水就能检测出人的DNA，从而找出罪犯。比如《飞来一笔》，知道原来从一个字就能用化学检测出是否使用了不同的墨水，从而查出遗嘱是否被修改。陈伟民老师真是写故事的高手，能把这么多的化学知识，甚至物理知识、生物知识融入一个个小故事中，让我看一遍就能记忆深刻，比在课堂上学到的知识更容易记得住，而且还能在生活中发现，原来这些也是化学知识的应用呢！真希望能把作者请到我们学校当化学老师啊，这样我的化学成绩肯定会突飞猛进的！

北京市育英学校初中三年级　魏禹谋